이토록 쉽고 멋진 세계여행

이토록 쉽고 멋진 세계여행

초판 1쇄 인쇄 2016년 2월 16일
초판 1쇄 발행 2016년 2월 22일

글 | 최재원
그림 | 임호정

펴낸이 | 金湞珉
펴낸곳 | 북로그컴퍼니
편집부 | 김옥자 · 태윤미 · 김현영 · 이예지
디자인 | 김승은
마케팅 | 김선규 · 임우열
경영기획 | 김형곤
주소 | 서울시 마포구 월드컵북로1길 60(서교동), 5층
전화 | 02-738-0214
팩스 | 02-738-1030
등록 | 제2010-000174호

ISBN 978-89-94197-97-5 03980

최군의 단칸방 게스트하우스 이야기

이토록 쉽고 멋진
세계여행

최재원 지음

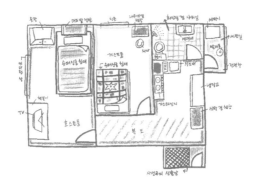

북로그컴퍼니

CONTENTS

Hello.
Looking for a cozy room
around Hongik Univ. or Hapjeong station?
Here is the best place for you.

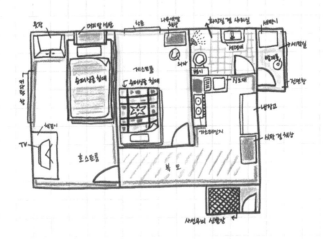

안녕하세요. 홍대나 합정역 주변의 안락한 숙소를 찾고 계신가요?

여기에 당신을 위한 최고의 공간이 있어요.

조용하지만 합정역에서 5분밖에 걸리지 않고, 한강도 바로 옆이에요. 방은 한국 전통 양식인데 큰 창문에서 들어오는 햇살을 만끽할 수 있고, 공짜 와이파이도 즐길 수 있어요.

거리에서는 한국 특유의 분위기를 느낄 수 있어요. 안전 문제는 걱정하지 않아도 돼요.

저는 음반 기획사에서 일하는 젊은 사람이에요. 홍대와 합정, 그리고 서울 곳곳의 매력적인 관광지를 정말 잘 알고 있죠. 우리는 함께 멋진 바, 전시회, 밤 투어, 전통시장, 작은 카페를 다닐 수 있을 거예요.

당신이 음악과 여행을 좋아한다면, 우리는 좋은 친구가 될 수 있을 거예요.

1.

최군,
단칸방으로 부업을 시작하다

JAEWON CHOI

FROM KOREA

이름

최군(본명: 최재원)

/

국적

한국

/

한국 방문 목적

여기서 태어났다

/

이 방을 고른 이유

투룸이라서

/

특이사항

2014년에 모든 걸 버리고 합정동에 이사를 옴
돈이 필요한 상태(은행빚이 좀 있음)

/

호스트와의 인연

내가 호스트다

일을 하다가 답답함을 느끼면 가끔 홍대 놀이터로 나간다. 이제 상업화가 너무 많이 진전된 홍대는 그 고유의 문화가 사라졌다고들 하지만 이곳에서만큼은 살아 있는 젊음과 펑키한 문화를 여전히 느낄 수 있다. 버스킹, 댄스, 마임 등 길거리 공연이 매일 펼쳐지고 특색 가득한 친구들이 광장에 삼삼오오 모여 저마다의 흥을 즐긴다. 모였다 흩어지는 수많은 무리가 교차하는 놀이터는 늘 즐거움과 술로 넘실거린다.

그 사이에는 제각각 다른 얼굴들을 하고 있는 수많은 외국인들이 있다. 그 수가 어마어마해서 여기가 어느 나라인지 헷갈릴 정도이다. 그 틈에 혼자 앉아 이런 이색적인 풍경들을 즐기고 있자면 어느새 그들과 자연스럽게 대화를 하게 되는 경우가 많다. 세계일주를 하는 스페인 커플, 한국에서 영어를 가르치는 뉴질랜드 사람들, 싱가포르 교환학생 등등. 국적도 다양하고 사연도 가지각색이다. 하지만 공통적인 것이 한 가지 있다. 내가 음악 쪽 일을 한다고 하면 모두 같은 반응을 보이는 것이다.

"Oh, K-POP? Really?"

그들이 나를 보는 시선은 방금 전과 완전히 달라져 있다. 누구나

한 번쯤 이름을 들어봤을 법한 YG나 SM 등 대형 기획사를 언급하며 그런 곳에서 일하냐고 물어오면 한국에는 밴드들도 있다며 나는 그들과 함께 일하고 있다고 설명한다. 이 또한 한국을 알리는 일이라 생각하면서.

그런데 그 반응들이 대단하다. '퍽킹 어썸' '퍽킹 크레이지 맨' 등 험한 단어들을 뱉어내고, '쿨'하다며 친구들을 내 주변으로 불러 모으기도 한다. 이들의 반응이 과하다 싶으면 나는 슬쩍 자리를 피해 다시 사무실로 향한다. 내가 무슨 대단한 사람인 것처럼 눈을 반짝이는 이들에게, "나는 너희가 생각하는 것만큼 대단한 사람이 아냐. 음반 기획사에 다닐 뿐이지 사실은 평범한 직장인이라고. 합정동에 집이 있긴 한데 전세고 그나마 빚이 반이야." 라고 이야기할 수는 없지 않은가.

○

2013년 겨울, 나의 삶이 백팔십도 달라지는 사건이 벌어졌다. 과감히 대기업에서 퇴사하고 내가 꿈꾸던 음반 기획사에 입사한 것. 더 늦기 전에 정말 하고 싶은 일을 해야겠다는 결정에 따른 것이었다.

집도 새 회사와 가까운 합정동으로 옮겼다. 내가 원한 건 바로 투룸. 근 10년을 원룸에서만 자취했더니 먹고 자는 방과 별도로 개인 작업하는 방을 가지고 싶다는 강한 소망이 있었다. 직장을 옮기는 건 신나는 일이었지만 한편 너무나 큰 도전이었기에 가슴 한구석에 불안함이 자리 잡고 있었다. 때문에 집이라도 딱 마음에 드는 곳으로 옮기고 싶었다. 하지만 월세는 생각한 것보다 너무 비쌌고 전세 매물은 씨가 말라 있었다. 구하는 집의 조건을 말하기가 무섭게 부동산에서 문전박대 당하기를 3주. 의지가 꺾일 법도 했지만 지난 10년의 자취 경험상 분명히 구하면 어떻게든 구해진다는 믿음이 있었다.

그리고 마법처럼 전세 투룸을 만나고야 말았다. 비록 지도 어플을 켜고 찾아도 찾기 힘들 만큼 골목 저 안쪽에 위치해 있었고 입주 가능한 날짜가 입사 날짜보다 1개월이나 뒤였지만 상관없었다. 집을 본 지 15분 만에 계약금을 입금해버렸다. 다른 건 생각할 겨를이 없었다. 그저 이 집이 아니면 안 될 것 같았다.

아무리 저렴하게 빠진 전세라고 해도 전세금을 내기에는 모아둔 돈이 턱없이 부족했다. 이를 메우기 위해 내 인생에서 빌려봤던 돈 중 가장 큰 규모의 돈을 은행에서 대출했다. 인생은 현재 진행형인데 그깟 대출 따위, 열심히 돈 벌어서 갚으면 그만이라는 마음이었다.

그렇게 뛰어든 합정동 생활.
하지만 현실은 환상과 달랐으니.

우선 일의 강도부터 달랐다. 모든 것을 내부 인력으로 소화하는 회사 분위기가 충격적이었다. 야근이야 익숙했지만 새 직장은 업무 특성상 주말 출근이 기본이었다. 이 말도 안 되는 업무 환경에도 동료들의 표정은 익숙하고 평온해 보였다. 몇몇은 심지어 즐기는 듯 보였다. 하지만 나는 전혀 즐길 수가 없었다. 게다가 잘 안다고 생각했던 음악 영역이었는데 일이 참 어려웠다. 어설픈 말재간은 전혀 통하지 않았다. 그간 몇 년 기획 잘한다고 칭찬 좀 받았으니 어디서 뭘 해도 잘할 수 있을 거라고 생각한 내 자신이 부끄러웠다. 하지만 어쩌겠는가. 내가 좋아서 선택한 일, 어디 결판을 내보자 하는 마음이었다. 여기까진 괜찮았다.

그런데 진짜 문제는 따로 있었다. 은행빚을 갚느라 통장 잔고는 채워질 줄 몰랐다. 전세금 대출을 너무 우습게 생각한 탓이었나 보다. 허리띠를 졸라매고 또 졸라매도, 돈이 절대적으로 부족했다. 부모님에게 손을 벌릴 처지도 되지 못했다. 다 큰 아들이 돈을 보태지는 못할망정 도와달라니. 한마디로 기댈 곳 하나 없었다.

야심차게 들어간 투룸은 큰 방은 모텔방, 작은 방은 창고로 변해버린 지 오래.

대학로에 창작 뮤지컬을 올리고 신나는 파티를 주최하던, 활발하고 창의적이던 대학생 때의 내 모습을 다시 찾기는 무슨.

상황은 점점 나빠졌고 자신감은 점점 없어졌다.

내 인생 가장 춥고 배고픈 겨울을 보내고 맞이한 어느 봄날. 나를 향한 환호성이 울려 퍼지던 놀이터에서 생각해보았다.

'나는 꽤 내실 있는 음반 기획사에 다니고 서울에서 가장 핫한 동

네인 합정동에 사는데 이걸 이용해서 돈을 벌어볼 순 없을까?'

○

　벼락같이 머리를 스쳐 지나간 '룸셰어'라는 단어. 창고로 쓰이던 작은 방을 여행자들에게 빌려주고 돈을 받는다는 생각을 해낸 것이다. 지금도 놀랍다. 움츠러든 내가 집에 사람을 받겠다는 생각을 한 것도 신기하고, 그 창고방을 남한테 빌려줄 생각을 한 것도 신기하다.

　배낭여행을 다닐 때 룸셰어를 하곤 했지만 내가 호스트인 적은 없었기에 정말 할 수 있을지 확신이 서지 않았다. 하지만 나는 돈이 필요했다. 잃을 것이 없는데 망설일 이유가 있나?

　그날부터 소심하게 인터넷 검색을 했다. 오고가며 들은 것은 있어서 외국인 룸셰어에 대해 이것저것 찾아보았다.

　처음에는 가장 큰 룸셰어 플랫폼인 에어비앤비(airbnb)에는 도전하지 못하고, 아시아 지역을 주로 다루는 비앤비히어로(BnBHero)라는 플랫폼에 내 작은 방에 대한 소개를 올려보기로 했다.

　하지만 프로필 작성부터 쉬운 것이 하나도 없었다. 외국 사이트의 다소 차가운 디자인은 나를 움츠러들게 만들었다. 외국인 친구들을 만날 때는 편하게 쓰던 영어도 글로 쓰려니 주눅이 잔뜩 들어 꾸역꾸역 소개글을 써나갔다. 엉망진창 영어에 말도 안 되는 사진들로 프로필을 겨우 완성했다. 한 번 쓰고는 두려워서 다시 읽어보지도 않았다. 저장

버튼을 누르고 최소한의 구색을 갖춘 첫 화면만 보고는 그대로 노트북을 닫았다.

○

다음 날 떨리는 마음으로 플랫폼에 접속해보았다. 누군가는 내 프로필을 봤겠지 하는 일말의 기대가 있었다. 하지만 모니터에 비치는 건 여전히 볼품없는 사진들과 소개글. 방문객 역시 당연히 0명이었다. 하루 동안 아무도 내 프로필에 들어오지 않았던 것이다.

그러면 그렇지.

무덤덤한 척했지만 또다시 무너져 내리는 기분이었다. 마음을 다 잡지 못하며 시간을 보냈다. 하지만 마음은 늘 그 프로필에 가 있었다. 사흘 뒤 슬그머니 다시 사이트에 접속해보았다.

그리고 순간 너무 놀라서 '엇!' 소리가 입에서 튀어나왔다.

0이었던 방문객 숫자가 1로 바뀌어 있었던 것이다. 내가 본 것이 맞는지 다시 한 번 살펴보았다. 그런데 맞았다. 누군가 내 프로필을 진짜 방문했던 것이다.

나라도 지나치겠다 싶은 작고 초라하고 볼품없는 방에 대체 누가 관심을 가질까 걱정하고 의심했는데, 누군가는 내 방에 관심이 있었던 것이다.

'나에게도 기회가 있단 말인가? 이야호!'

사무실 책상 앞에 앉아 차마 티는 내지 못하고 입을 막고 몸을 들썩거렸다.

단순히 숫자만 0에서 1로 바뀐 것이 아니라 내 인생에 새로운 가능성이 열리는 기분이었다. 나도 할 수 있었던 것이다. 어둠 속을 헤매는 것 같았던 지난 몇 달은 잊었다. 뭐라도 해볼 수 있겠다는 자신감이 확 하고 내 안에 들어왔다.

내가 나에게 가졌던 의심을, 의문의 방문자로 인해 날려버릴 수 있었다.

고맙다. 내 프로필 첫 방문자여.

내 은인이라고 불러도 부족하지 않을 이름 모를 어떤 사람.

당신의 방문이 내 인생에 새로운 장을 열어주었다.

2.

발렌티노,
신세계를 열어준
나의 첫 게스트

VALENTINO

FROM CROATIA

이름

발렌티노

/

국적

크로아티아

/

한국 방문 목적

친구를 만나러

/

이 방을 고른 이유

저렴한 가격

/

특이사항

후기도 없는 방에 쳐들어온 용맹무쌍함
1년에 두 번만 일하는 능력자

/

호스트와의 인연

호스트의 첫 게스트

비앤비히어로의 첫 번째 방문자에게서 용기를 얻은 나는 가장 큰 룸셰어 플랫폼인 에어비앤비에 내 방을 올리기로 했다. 하지만 없어 보이는 프로필 사진은 똑같았다. 그도 그럴 것이 사방 250센티미터 정도의 작은 방은 어떻게 찍어도 한 컷에 다 잡히지 않았다. 하지만 이 방의 유일한 자랑인 큰 창과, 창을 통해 들어오는 햇빛을 사진에 담고 싶었다. 그래서 어쩔 수 없이 방문을 열고 복도에서 사진을 찍었고, 덕분에 안 그래도 작은 방이 방문만 한 크기로 더 작게 사진에 담겼다. 하지만 어쩌겠는가? 이러나저러나 사실 초라한 방. 이왕이면 가장 자랑스러운 것을 보여주고 싶었다.

사실 세부 사진으로 가면 없어 보이는 느낌은 더 심해졌다. 바닥에는 7년은 썼을 법한 느낌의 누런 장판이 칙칙하게 깔려 있었고, 벽지 이음새는 펄펄 끓는 된장국 속 조개 입처럼 쩍쩍 벌어져 있었다. 벽에 빽빽하게 나 있는 심한 스크래치들은 이 방에서 산짐승이라도 키웠는지 의심하게 했다. 그런데 이런 단점들을 가릴 변변한 가구도 없으니 모든 것이 너무나 솔직하게 사진에 담겨버렸다. 유일한 가구이자 방의 사 분의 일을 차지하는 짙은 나무 색깔 책상만이 이곳이 사람이 묵는 방이라는 신호를 보내고 있었다.

하지만 비앤비히어로에서의 경험을 장작 삼아 방에 대한 설명글만은 패기 넘치는 문장들로 활활 태우기 시작했다.

⟨A clean and cozy!⟩
정말 멋진 곳에 위치한 숙소.
도보 10분 이내에 홍대와 한강이 있어요.
없을 것은 없지만 있을 것은 또 다 있습니다.
호스트는 홍대 인근의 작은 음악 회사에 다니고 있는데요,
음악을 좋아하신다면 즐거운 대화를 나눌 수 있을 것 같아요.
그리고 서울 어디에 가면 즐겁게 놀 수 있는지 많이 추천해
드릴 수 있어요! 노는 장소만큼은 자신 있거든요!
또한 집으로 찾아오는 골목에서는 참된 한국의 정서를 느낄
수 있어요. 이런 곳이 바로 로컬이죠!

제목부터 틀려먹었다. '깨끗하고 아늑해요'라니. 지금이야 'clean and cozy'가 내 방의 상징처럼 되었지만 사실 집의 특징이나 장점을 하나도 보여주지 않는 최악의 룸 타이틀이다. 돌아보면 하나하나 낯 뜨겁기 그지없지만 분명한 건 그때는 진심을 담아 최선을 다해 소개글을

썼다는 사실이다.

　소개글을 쓴 후 나머지 사항들을 채워나갔다. 당시 에어비앤비에서 규정한 하루 숙박 최저가는 만오천 원이었는데, 그래도 최저가로는 올릴 수 없다고 생각해서 그보다 약간 높게 가격을 책정했다. 그리고 환불 등 나머지 사항들은 게스트 편의에 맞췄다. 한 번 경험이 있었기에 에어비앤비 프로필을 꾸미는 데 그렇게 시간이 많이 들지는 않았다.

　하지만 프로필을 다 꾸미고 나서 서울 이곳저곳에 있는 다른 집들을 둘러보고는 기가 팍 꺾였다. 고급 오피스텔을 통째로 빌려주는 곳, 여러 나라 사람들로 북적이는 활기찬 도미토리, 부부가 정성스런 아침밥을 차려주는 홈스테이까지 그 종류도 다양했다. 누구라도 머물고 싶을 만한 멋진 숙소들이 서울에 이렇게나 많았다니. 말도 안 되게 작고 초라하고 가엾어 보이기까지 하는 내 방은 그 어느 틈에도 낄 곳이 없어 보였다. 다른 곳과의 차이점이 있다면 단지 패기뿐이었다.

　그런데 방을 등록하고 이틀 후, 딩동 하고 에어비앤비 어플에서 알림이 왔다. 처음에는 가입을 축하한다든지 아니면 규정을 알려주는 에어비앤비 본사의 메시지인 줄 알았다.

　이게 웬일인가? 내 방에 묵고 싶다는 누군가의 메시지다. 문의를 한 사람의 아이디도 살짝 보인다. 기대하지 않았던 뜻밖의 쪽지에 심장이 콩닥거리기 시작했다. 조심스레 메시지함에 검지를 가져다 댔다. 그리고 잠시 주저하다 덜컥 메시지함을 열어보았다. 긴장감에 휩싸인 나는 꼼꼼히 메시지를 읽어볼 참이었는데 그 안에는 꼼꼼히 읽을 것도 없는, 매우 간결하지만 정확한 의사표현이 담겨 있었다.

> 이번에 한국에 잠깐 가는데 너희 집에 묵고 싶어. 일정 괜찮니?

오 마이 갓.

프로필을 올린 지 이틀 만에 문의가 들어오다니. 이게 말이 되는 상황인가? 이게 꿈인지 생시인지 아니면 글로벌 사기인지 알아보기 위해 떨리는 손으로 의심이 가득 담긴 답장을 했다.

> 아… 일정은 괜찮아. 그런데 정말 우리 집에 머물려고?

> 응. 왜, 안 되니?

첫 방문자는 나처럼 패기 넘치는 친구이다. 이름은 발렌티노. 다소 낯선 나라인 크로아티아 출신이다. 프로필 사진에서 본 이 친구의 생김새는 흡사 영화 〈트와일라잇〉의 늑대인간을 떠올리게 한다. 짙은 눈썹에 살짝 찢어진 눈, 그 아래로 곧게 뻗은 구릿빛의 큰 코. 얇은 입술에는 여유로운 미소를 띠고 있다. 좀 더 거친 느낌의 크리스티아누 호날두랄까. 강렬한 인상과 어울리지 않게 하얗고 작은 강아지를 안정적으로 안고 있다. 그 와중에 직업은 엔지니어라니. 여러모로 종잡을 수 없는 마력이 있는 친구인 것 같다.

한국 방문은 처음이라는데 아무런 방문 후기가 없는 내 방에 온단다. 첫 예약 요청에 너무나 신난 나는 이것저것 답변을 해주었고, 그 역시 설렘 가득한 질문들을 쏟아냈다. 그렇게 우리는 만나기 전부터 스무 통 가까운 쪽지를 주고받았다.

헤어진 옛 친구와 이럴까, 멀리 유학을 떠난 여자친구와 이럴까. 아니다, 그보다 더하다. 그는 나한테 돈을 쓰러 오는 손님이니까! 이틀을 묵는다고 했으니까 삼만이천 원! 발렌티노 말고 그 누가 돈까지 주면서 나를 만나러 오겠는가. 그를 빨리 눈앞에 데려다놓고 싶다는 생각밖에 나지 않았다. 하루 종일 기분이 좋았고 컨디션도 평소보다 더 좋게 느껴졌다.

○

불안함에 잠을 이루질 못했다. 내가 지금 무슨 짓을 한 걸까. 저 창고 같은 방에 '손님'을 받기로 하다니. 제정신이었나?

발렌티노는 내 방에 대해 뭐라고 할까? 너무 작다, 초라하다, 이런 불평을 늘어놓으면 양반이다. 페이스북에 내 방을 올리며 한국에 이런 양심불량인 사람이 있다고 떠들지도 모르고(이런 국제적 망신이 있나), 사기를 당했다며 에어비앤비 본사에 항의를 할지도 모른다. 경우의 수는 너무나 무궁무진해서 감히 예측조차 할 수 없었다.

방을 올릴 때의 용기는 쏙 들어가고 불안함에 발발 떠는 소심한 합정동 직장인만이 남아 있었다. 그냥 회사일이나 열심히 할걸 괜히 돈 벌겠다고 쓸데없이 일을 벌였나 싶고.

발렌티노는 4월 8일 오전 10시 반쯤 인천공항에 도착했다고 연락했다. 차분하게 공항철도 이용법을 알려주었지만 그는 몰랐으리라. 그 차분한 말투는 사실 긴장해서 나오는 말투였다는 것을.

점심시간. 조심스레 사무실을 나와 합정역으로 향했다. 그는 합정역 인근에서 식사를 하는 중이라고 했다. 식당 이름을 들어보니 어디서나 볼 수 있는 프랜차이즈로, 낮에는 치킨이나 햄버거 세트 따위를 파는 곳이다. 합정동에서 활동하는 패셔너블한 친구들이라면 결코 가지 않을 평범한 가게에서 날 기다릴 크로아티아 출신의 건장한 게스트를 상상하니 불안한 와중에도 피식피식 웃음이 났다.

하지만 그런 생각으로 긴장을 푸는 것도 잠시. 유리창 너머 발렌티노로 추정되는 한 외국인을 발견한 순간 덜컥 겁이 났다. 우월한 덩치의 이국적인 실루엣은 한국의 음식을 탐색하는 듯이 사뭇 진지하게 감자튀김을 음미하고 있었다.

'후, 이제 정말 시작이구나. 어떻게 말을 걸지?'

가게에 들어간 나는 괜히 발렌티노의 테이블 근처를 뱅글뱅글 돌다가 우연을 가장해 그와 눈을 마주쳤다. 왜 쳐다보냐는 듯 올려다보는 그의 동그란 눈. 등에 식은땀이 흐른다. 애써 태연한 척하며 말을 걸었지만 떨리는 목소리는 감출 수 없었다.

"저기… 혹시 네가 발렌티노?"

딱딱하게 닫혀 있던 그의 얼굴에서 환한 빛이 쏟아져 나오더니 벌

떡 일어나 큰 손을 내밀며 미국식 악수를 청했다. 얼떨결에 손을 잡은 순간 예의 차릴 겨를도 없이 내 어깨가 그의 큰 어깨에 쿵 하고 부딪쳤다. 그의 엄청난 손아귀 힘에 몸뚱이가 그냥 쑥 빨려 들어간 것이다. 순식간에 일어난 일에 정신이 하나도 없는데 그는 또 나를 사정없이 테이블에 앉히고 밝은 표정으로 음식을 같이 먹자고 권한다. 정말이지 천진난만하고 큰 미소다. 함께 밥까지 먹을 시간은 없다고 하자 발렌티노는 다시금 열심히 식사를 했다.

너무 오랜만에 써서 그런지 영어는 생각처럼 매끄럽게 나오지 않았고, 사방에서 쏟아지는 시선에 얼굴이 달아올랐다. 대낮에 치킨 가게에 앉아 있는 한국인 직장인과 외국인 청년의 이상한 조합은 주변의 이목을 끌기에 충분했다.

발렌티노는 곧 그릇을 다 비우고 카운터로 다가가 계산을 하더니, 심각한 표정으로 내게 다가와 물었다.

"재원, 이곳에는 팁이 없어?"

"응. 한국에는 거의 그런 거 없어."

"와우! 한국 정말 아름다운 곳이구나!"

큰 눈을 굴리며 너무나 행복해하는 발렌티노에게 난 이제 집으로 가자며 집으로 가는 방향을 가리켰고 그는 기분 좋게 고개를 끄덕였다.

'내 옆에는 지구 반대편에서 온 낯선 크로아티아 청년이 있다.'

여전히 적응되지 않는 어색한 공기가 우리를 감쌌다. 출퇴근할 때 항상 걷는 익숙한 거리와 풍경이 회색빛으로 뿌옇게 보였다. 내 상태를 아는지 모르는지 발렌티노는 여기저기 구경하느라 정신이 없다.

'내가 지금 제대로 하고 있는 걸까? 그런데 이 친구는 뭐가 이렇게 즐겁지?'

무슨 말을 하는지 모르는 채로 횡설수설하다 도착했다. 고작 10분도 안 걸리는 거리인데 30분쯤 걸은 듯한 착각이 들었다. 더운 날씨도 아닌데 내 셔츠는 땀에 푹 젖어 있었다.

'에이, 들어가고 보자.'

나는 에라 모르겠다는 심정으로 그를 집 안으로 안내했다. 그리고 투룸이 눈앞에 나타났다. 내가 너무나 사랑하는 내 집. 하지만 발렌티노에게는 좁고 초라하고 불편한 숙소가 될지도 모른다. 하늘색 벽지와 아담한 주방을 살펴보는 발렌티노를 이끌고 작은 방 앞에 섰다.

후. 숨을 크게 들이마시고, 방문을 확 열어젖혔다.

"좀 좁고 낡았지? 미안해. 이 방이 네가 지낼 곳이야."

책상밖에 없던 방에는 전날 저녁 마트에서 급하게 사 온 사만 원짜리 매트리스가 덩그러니 펼쳐져 있었다. 큰 창으로 햇살이 내리쬐고 아침에는 지저귀는 새소리가 들려오는, 나에게는 최고의 방이지만 순간 그렇게 초라해 보일 수가 없었다. 게다가 체격이 한국 고등학생 두 배는 될 법한 발렌티노에게 이 방은 너무나 작아 보였다. 그의 반응을 기다리자니 가슴이 바짝바짝 졸아들었다.

그런데 발렌티노는 의외의 대답을 했다.

"정말 아름다운데!"

난 잠시 말문이 막혔다. 분명 아름답다고 했다.

"정말이야 발렌티노? 아름답다고? 이 방이?!"

○

발렌티노는 여유로운 표정으로 천천히 말을 이었다. 크진 않지만 충분히 쉴 수 있고, 가격도 저렴하여 자기에게는 너무나 아름다운 곳이라고 한다. 그리고 현금 결제로 대신하자며 익숙한 손짓으로 한국 돈 삼만이천 원을 나에게 건넸다. 내가 벌어들인 첫 수익. 내 손에 들어온 지폐의 감촉이 낯설었다.

나중에 알게 된 이야기이지만, 에어비앤비 온라인 결제 시스템을 거치지 않고 현장에서 현금 결제를 하면 에어비앤비에서 제공하는 다양한 보장을 받을 수 없어 위험하다.

하지만 그때 알았다 해도 그게 뭐가 중요했겠는가. 난생처음으로 월급이 아닌, 내가 직접 번 돈을 받아보았는데 말이다. 이게 바로 공유 경제의 힘인가 싶은 생각에 마음이 부풀어 오르고 심장이 마구 요동쳤다. 나도 이제 월급 말고도 돈을 벌 수 있는 구멍이 생겼다. 야호!

원래 발렌티노는 이틀을 묵을 예정이었는데 이틀을 더 묵었다. 이후 방을 거쳐 간 게스트들에 비하면 그는 우리 집에 그렇게 오래 머문 편이 아니다. 하지만 첫 게스트이니만큼 호기심에라도 많은 이야기를 나눌 법도 했는데 그럴 짬이 없었다. 발렌티노가 떠나기 바로 전날에야 저녁 약속을 겨우 잡을 수 있었다.

우리는 어디 나갈 정신도 없이 냉장고에서 맥주를 꺼내 마시며 이런저런 이야기를 나누었다.

"발렌티노, 직업이 엔지니어라고 했잖아. 어떤 엔지니어야?"

"응, F1 경주용 자동차의 엔진을 설계해."

나는 귀를 의심했다.

F1 엔진 디자이너라고? 세상에 그런 직업이 있다고? 호기심이 생긴 나는 질문을 쏟아냈다.

"F1이면 그 경주하는 엄청 빠른 자동차들 말하는 거 맞지? 엔진을 어떻게 디자인해? 설마 예쁘게 만드는 건 아니겠지? 근데 되게 비싼 차들 아냐?"

흥분한 나를 차분한 손짓으로 누그러트린 발렌티노는 기다려보라며 자신의 작업물들을 보여주었다. 하지만 외계어로 가득한 자료들을 알아볼 리 만무하다. 아, 어려운 서류는 뒤로. 다음 질문으로 패스.

"그럼 지금은 휴가 중인 거야?"

"아니, 나는 휴가가 없어. 1년에 딱 두 번 일해."

다시 한 번 귀를 의심했다. 그런 것이 어떻게 가능하단 말인가?

발렌티노는 자신과의 작업을 원하는 클라이언트를 만나 설계 작업을 하고, 나머지 날들은 지금처럼 세계를 여행하면서 친구들을 만난다고 한다. 서울에는 작년에 크로아티아에서 만난 한국인 친구를 보러 온 것이고. 그 다음에는 부산에 갔다가 다시 영국으로 떠난단다.

세상에 이런 삶도 있다니, 지금까지 열심히 살아온 내 인생이 허무해지기까지 했다. 기술이 있으면 1년에 두 번만 일하고 세계여행을 하며 살 수 있는 것인가? 고등학교 때 과학책을 씹어 먹는 한이 있더라도 이과로 갔어야 하는 건가 싶었다.

동시에 이렇게 자기 삶을 설계하기까지 노력했을 발렌티노가 존경스러워졌다. 그의 일, 사랑, 여행에 대해 묻고 들으며 밤을 새웠다. 천일야화가 이보다 재미있을까? 발렌티노와의 대화는 이곳이 한국 에어비앤비인지 크로아티아에 있는 펍인지 헷갈리게 만들었다.

○

엄청난 피로를 느끼며 눈을 떴다. 그런데 발렌티노가 분주하게 움직이고 있었다.

"발렌티노, 안 피곤해? 아침 일찍 일어나서 뭐해?"

"재원 일어났어? 난 괜찮아. 말짱해. 그것보다 조금 늦어서 지금 빨리 나가야 해."

"이 아침부터 어딜 나가는데?"

"어디 가다니, 공항 가야지. 오늘 나 체크아웃하는 날이잖아."

"아… 응? 체크아웃?"

순간 당황해 얼굴에 웃음기가 싹 사라졌다. 나는 그가 언제 체크아웃하는지 전혀 신경을 쓰지 못하고 있었다. 아침 일찍 떠나야 하는 발렌티노를 난 새벽까지 잡아두는 실수를 저지른 것이다. 어설픈 초보 호스트가 게스트의 체크아웃 날짜 하나 챙기지 못하고 도리어 피곤하게 만들다니, 아쉽고 미안하다. 하지만 발렌티노는 내 걱정과 달리 씩씩하게 미소를 짓고 있었다.

발렌티노는 이제 시간이 얼마 남지 않았다며 신발장으로 캐리어를 옮겼다. 갑자기 찾아온 이별에 어찌할 바를 몰라 양말을 신었다 벗었다 하며 부산을 떨었지만 어디까지 마중을 나가야 하는지 감도 오지 않았다. 이런 내 마음을 눈치챘는지 발렌티노는 그냥 집에 있으라며 내 어깨를 잡는다. 나보다 어린 그가 한참 형처럼 느껴졌다.

"덕분에 즐거웠어. 부산 갔다가, 런던에 도착하면 연락 줄게."

"응 고마워. 조심히 돌아가. 그나저나 영국에 간다니 부럽다."

"응. 이번 여행은 나도 기대되고 설레."

그는 신발을 신고 캐리어를 고쳐 잡더니 한 마디 덧붙인다.

"참, 크로아티아에 올 일 있으면 돈 주고 잠잘 곳 얻을 생각은 하지도 마. 크로아티아 전국에 내 친구들이 있으니까 말이야!"

그는 끝까지 '쿨'한 남자였다.

나의 첫 에어비앤비 경험은 떨림으로 시작해 설렘 반 아쉬움 반으로 끝이 났다. 그가 떠나고 휑해진 집 안을 보니 허전함마저 느껴졌다. 하지만 이내 마음속에 따뜻한 무언가가 슥 들어왔다.

내 게스트가 나에게 지불한 최초의 수입은 육만사천 원.

하지만 내 게스트는 그것보다 더한 것들을 기꺼이 지불하고 갔다.

우선 내 방이 생각보다 경쟁력이 있다는 사실. 그래, 앞으로도 내 방의 미래는 생각보다 밝을 것 같다. 예약이 꽉 찬다면 내 주머니 사정도 여유 있어질 것이다.

하지만 더 중요한 것, 세상은 정말 넓고 사는 방식도 참으로 다양하다는 사실. 나의 첫 게스트 발렌티노는 작은 서울 땅에서 이제 겨우 나이 서른 먹고 세상 일 다 아는 것처럼 굴었던 나의 잘난 척을 내려놓을 수 있게 해주었다.

'에어비앤비 호스트를 하면 앞으로 이런 친구들과 한 집에 지내며 마음껏 세상 이야기를 들어볼 수 있단 말인가?'

한 동네에서 다양한 직업과 세계를 만난다니. 정말이지 설레는 일이 아닐 수 없다. 앞으로 만날 수많은 게스트와 그들의 인생이 너무나 기다려졌다.

돈도 벌고 사람 경험도 쌓는 일석이조 단칸방 게스트하우스, 이제 시작이라 이거야!

3.

루카스,
라이프셰어를 알려주다

LUKAS
FROM GERMANY

이름

루카스

/

국적

독일

/

한국 방문 목적

한국적인 것들을 경험하기 위해

/

이 방을 고른 이유

'참된 한국의 정서'라는 소개글에 끌려서

/

특이사항

의대에 다니는 인텔리
호기심 천국
맥주 맛 감별사

/

호스트와의 인연

호스트에게 라이프셰어를 전도

합정동으로 이사를 온 후 세 가지 변화가 생겼다.

첫 번째는 음반 기획사라는 독특한 직장에서 일하게 된 것.

두 번째는 내 주머니가 다른 직장인들보다 다소 도톰해진 것. (그래봤자 사소한 차이지만.)

세 번째(제일 중요하다), 퇴근 후 집에 가면 외국인 친구가 날 기다리고 있는 것.

금전적인 문제도 어느 정도 해결되었고, 다양한 외국인 친구들을 만나며 간접 세계여행을 하다 보니 하루하루 즐겁고 새로운 느낌으로 채워졌고, 그러다 보니 회사 일에 대한 열정도 되찾을 수 있었다. 에어비앤비 하길 정말 잘했다는 생각을 하루에도 몇 번씩 하고 살았다.

그런데 이런 이차원적인 변화를 삼차원적인 변화로 완전히 바꾸어버린 친구가 있다. 바로 독일 쾰른에서 온 루카스다. 그는 단 여드레 동안 우리 집에서 지냈지만 누구보다 강렬한 인상을 남겼다.

독일인들은 다른 사람과 섞이기 싫어서 독채를 선호한다. 그러니 8인실 도미토리 가격으로 독립된 방을 쓸 수 있는 내 에어비앤비는 독일인들 입장에서 합리적인 선택인 것이다.

이런 이유로 내 방에는 유난히 독일인이 많이 찾아왔는데 나는 그들의 정중한 분위기에 억눌려 그들을 다소 어렵게 대했다. 루카스 역시 마찬가지였다.

그에 대한 첫인상은 전형적인 유럽 인텔리형 훈남이라는 것. 갸름한 턱에 금색 수염, 짙은 갈색 눈썹에 크고 아름다운 파란 눈동자, 은은한 미소가 매력적이다. 항상 셔츠 단추 두어 개를 풀고 다니는데 그것이 전혀 어색하지 않고 너무나 지적으로 보인다. 길 가던 여자들은 그의 자태에 눈을 떼지 못했다.

그러한 분위기 때문에 왠지 나와는 별 교류 없이 조용히 지내다가 갈 줄 알았다. 사실 내가 교류하려는 시도를 하지 않았던 것도 맞지만.

○

그런데 숙박 둘째 날, 그가 내 방문을 두들겼다.

"재원, 안에 있어?"

"으응? 있어! 웬일이야?"

"아, 너랑 하고 싶은 게 좀 있어서 말이야. 혹시 바빠?"

"아냐. 전혀 안 바빠! 그런데 내가 좀 준비가 안 돼서… 조금만 기다려줄래?"

방을 엉망으로 해놓고 옷도 대충 입고 있던 터라 허둥지둥 옷부터 챙겨 입었다.

'이상하다. 이 시간에 무슨 일이지? 술 마시자고 할 것 같지는 않

은데. 방에 무슨 문제가 있나?'

　3분이나 지났을까, 문을 열어보니 그는 그 자리에 계속 서 있었다. 루카스의 눈에서 진지하면서도 설레는 빛이 비쳤다. 그래서 나는 테이블과 의자를 준비해서 그를 내 방으로 맞이했다. 게스트와 할 말이 있으면 복도나 주방에서 하고 더 긴 이야기를 나눌 때는 인근 바나 카페를 찾지 방으로 게스트를 초대하는 경우는 거의 없었다. 그만큼 그가 내뿜는 진지한 아우라가 강했던 것이다.

　"나, 너와 '라이프셰어'를 하고 싶어."

　"라이프셰어? 그게 뭐야?"

　집을 공유하는 하우스셰어는 알았지만 라이프셰어라는 말은 처음 들어봤기에 그 단어가 정확히 무슨 뜻인지 알 수가 없었다. 들어보니 라이프셰어란 한마디로 서로의 삶의 궤적과 생각을 대화를 통해 공유하는 것이다. 정확한 뜻을 알고 나니 왠지 부담이 되었다.

　"그걸 나와 하고 싶은 이유가 뭐야?"

　"안 할 이유는 뭔데?"

　순간 말문이 막혔다. 그래, 안 할 이유는 없지….

　루카스는 말을 이었다.

　"나는 너를 더 자세히 알고 싶어. 그리고 내가 어떤 사람인지 너에게 알려주고 싶어. 그래서 너를 친구로 만들고 싶어. 너와 친구가 되면 진짜 한국 여행을 할 수 있는 거거든. 진짜 여행은 관광지를 둘러보는 게 아니라, 그 나라 사람을 만나서 그 사람과 함께 여러 가지 경험을 하는 거라고 생각해."

그래 해보자, 라이프셰어라는 거. 게스트의 여행을 돕는 것 역시 호스트의 의무이리라.

그는 온화하고도 진지한 표정으로 자신의 과거사, 가족 이야기, 철학, 꿈과 미래 계획에 대해 들려주었다.

"나는 말이야, 평소에 가족과 따로 떨어져 있더라도 우리는 충분히 교감하고 있다고 생각해. 그런 교감이 날 매우 안정적이고 강하게 만들어주지."

"여행을 다닐 때 나는 최대한 그 지역의 고유한 것들을 많이 찾아다니고 싶어. 내가 평소에 하던 생각이나 중요하게 여겨왔던 가치관이 변하는 경험, 시야가 더 넓어지는 경험을 마음껏 해보고 싶어. 이런 것들은 내가 하는 공부에 큰 도움이 될 거라고 생각해."

"나중에는 세상에 기여할 수 있는 일을 찾아서 한번 해보고 싶어. 정말 행복할 것 같아. 너는 어떠니?"

술 한 잔 먹지 않고 처음 보는 사람과 이런 이야기를 하는 것은 생소한 경험이었다. 하지만 신기하게도 루카스가 내뿜는 분위기에 취해 나 역시 매우 개인적인 이야기들, 평소에 남에게 쉽게 하지 않는 이야기를 쏟아냈다.

서로 다른 나라, 다른 환경에서 자란 우리. 하지만 대화를 나누며 서로를 깊게 이해할 수 있었고 수많은 공통점도 발견했다. 몰입해서 이야기를 나누다 보니 약 2시간 30분가량이 10분처럼 느껴졌다.

대화를 마쳤을 때 우리는 더 이상 서로에게 이방인이 아니었다. 오랜 시간을 함께한 친구와 같이 편안했고, 눈빛만 봐도 서로의 마음을 읽을 수 있었다. 또한 루카스와는 물론 나 자신과 진심으로 교감할 수 있는 기분 좋은 시간이었다. 그리고 이 기분은 내 하루를, 1주일을 그리고 그 이상의 시간을 풍요롭게 만들어주었다.

루카스가 다녀간 이후로 모든 투숙객과 라이프셰어의 시간을 갖는다. 이 시간은 언제나 내 삶을 다채롭게 채워준다.

○

라이프셰어 이후 루카스와 부쩍 가까워져, 다음 날 나는 칼퇴근 후 집으로 달려갔다.

첫 등장부터 왠지 모를 인텔리의 향을 뿌리던 루카스는 실제로 독일에서 의대를 다니고 있다. 그는 패밀리 메디신(Family Medicine), 그러니까 가정의학을 전공한다고 했다. 가정의학에서는 질병을 치료하는 것만큼이나 환자와 환자 가족들의 마음을 다루는 일이 중요한데, 그런 의미에서 최근 많은 유럽의 가정의학 전문가들이 동양의 철학과 세계관에 주목하고 있고 자신의 지도교수도 그렇다고 했다. 그리고 루카스도 여행을 통해 동양 사람들과 동양적인 경험을 하고 싶다고.

부끄럽기도 하면서 기분이 좋았다. 한국적인 것을 많이 보기 위해 그 많은 숙소 중 우리 집에 왔다니 말이다. 물론 내가 루카스에게 어려운 한국 철학에 대해 알려줄 수는 없다. (어쩌면 나보다 많이 알지도 모른다.) 하지만 가장 한국적인 가게들은 알려줄 수 있다. 이거면 되는 거 아닌가!

"한국적인 것들을 최대한 많이 경험하고 싶다고? 그럼 넌 숙소는 진짜 제대로 찾아온 거야. 독일 촌놈들은 절대 흉내 낼 수 없는 진짜 한국을 보여주지!"

집에서 대화를 나누던 우리는 '코리안 웨이'를 외치며 호기롭게 집을 나섰다. 딱히 계획이 있었던 건 아니다. 그저 늘 우리 주변에 스치는 모든 것들이 로컬 문화라는 생각이었다. 그러다 눈에 들어온 곳이 바로 '미친 노가리'이다. 지금은 '빡친 노가리'로 상호를 바꿨는데, 아무튼 망원동에 사는 사람들은 모두 안다. 이곳은 전국에 노가리 열풍이 불기 전부터 정말 미친 가격의 노가리로 일대를 평정한 곳으로, 그 어떤 펍보다 많은 지역 주민들로 붐빈다는 것을.

망원정 사거리와 망원유수지 사거리 사이 기사식당 골목에 위치한 빡친 노가리는 언뜻 보면 그냥 공사장 인근 함바집 같기도 하다. 간판 전등은 이곳이 노가리 가게라는 것을 알릴 맘이 전혀 없다는 듯 아주 희미하게 켜져 있다. 가게 전면이 시원하게 트여 있는데, 벽을 통째로 뜯어버린 것 같은 거친 느낌이다. 그 안에서 흘러나오는 흰색 형광등 불빛만이 이곳이 영업을 하는 곳임을 알려준다. 내부를 천천히 들여다

보면 흡사 베트남 여행에서 봤을 법한 포장마차와 비슷한 광경이 눈에 들어온다. 정말 이래도 되나 싶을 정도로 인테리어라 할 만한 게 아무 것도 없다. 누렇게 때가 탄 벽면에 아슬아슬하게 달려 있는 선반에는 이리저리 식기들이 쌓여 있고, 냉장고는 과연 작동하고 있는 게 맞을까 싶을 정도로 낡았다. 주방도 그대로 손님에게 노출되어 있어 오픈 주방의 정석이라고 할 만하다.

하지만 손님들은 진짜다. 동네 아저씨들이 러닝셔츠 같은 것만 대충 걸치고 아무렇게나 의자를 펴고 앉아서는 공사장 동료 욕이며, 자식 푸념이며, 옛사랑 추억까지 저마다 이야기꽃을 피운다. 아무리 작게 잡아 봐도 다들 나보다 최소 열다섯 살은 많아 보인다. 그 사이를 한 손에 갓 구운 노가리를 든 남자 사장님이 익숙한 동작으로 휙휙 지나다니며 가게 안에서 유일하게 빠른 동작을 담당하고 있다. 벽면에는 매직펜으로 '한강 가자'라고 아무렇게나 적혀 있는데, 여기서 결정적으로 이 가게만의 매력이 폭발한다.

빠친 노가리의 유일한 배경음악인 스포츠 중계를 들으며 조심스레 안으로 루카스를 안내했다. 왠지 단추를 풀어 젖힌 루카스의 셔츠가 아저씨들의 눈총을 받는 것도 같다. 난 루카스에게 이곳에 온 독일인은 단언컨대 네가 처음일 것이라고 말해줬다. 그도 그럴 것이 난 여기서 외국인 관광객은커녕 나보다 어려 보이는 손님도 거의 본 적이 없기 때문이다.

루카스 왈,

"진짜 한국 식당에 오다니, 정말 영광이야!"

자신이 오고 싶었던 곳이 바로 이런 곳이었다고 한다. 인터넷으로 검색해도 나오지 않는 리얼 코리아! 거칠게 술잔 부딪히는 소리와 호탕한 웃음소리 사이를 통과하는 진한 노가리 향기에 항상 침착하던 루카스가 보기 드물게 흥분한 모습이다. 이를 재미있게 바라보고 있을 때 사장님이 다가왔다. 그리고 젊은 한국 남자와 파란 눈의 외국인, 이 가게에 어울리지 않는 요상한 조합에 잠깐 갸우뚱하고 고개를 기울이더니 이내 주문을 받았다.

"두 마리?"

"네. 그리고 생맥 두 개요."

"그려~."

우리의 주문은 거의 육군 훈련소에서 배웠던 암구호(暗口號)처럼 신속 정확했다. 그 짧은 순간 찡긋 눈인사를 건네는 것 또한 잊지 않았다. 옆에서 이 장면을 보고 있던 루카스는 매우 신비로운 광경을 봤다는 표정을 지었다.

"재원, 방금 뭐 주문한 거야?"

"그냥 여기서 제일 유명한 걸로 시켰어."

"뭔데?"

"음… 이름은 노가린데… 그게 영어로 뭐냐면…."

뭐라고 설명해야 할지 한참 헤매다가, 번개처럼 머릿속에 완벽한 단어가 떠올랐다.

"아! 한국의 피시 앤 칩스야."

"진짜야? 한국에도 피시 앤 칩스가 있다고? 대단해!"

"근데 한 마리에 천오백 원밖에 안 해. 내가 오늘 특별히 두 마리 시켰어. 많이 먹어."

곧이어 나온 노릇노릇하면서도 우람한 노가리를 보며 루카스는 탄성을 질렀다.

"오 마이 갓!"

뜨거워서 잘 잡지도 못하면서 노가리의 냄새를 맡고 자신의 얼굴 크기와 비교하기도 한다. 그리고 그 아름다운 자태를 찍어서 열심히 자신의 페이스북에 올리기 시작했다. 난 조금 양심에 찔렸지만 이것이 바로 한국의 피시 앤 칩스라며 한껏 으스댔다. 루카스는 진심으로 즐거워 보였다. 노가리를 뼈까지 통째로 먹는 내 모습에 존경을 표하기도 했다.

"재원, 오늘 너무 좋아. 이런 곳에 데려와줘서 고마워."

"엥? 고맙긴. 여긴 그냥 나의 일상이야. 네가 내 일상으로 온 거지."

○

루카스와 독일에서 함께 공부한다는 친구 엘리가 한국의 숨겨진 펍에 오고 싶다 했다. 그러자 망설이지 않고 추천해줄 곳이 하나 더 떠올랐다. 바로 아는 사람은 다 알고, 모르는 사람은 절대 알 수가 없는 합정동의 핫플레이스 '그리운 금강산'이다. 합정역 7번 출구에서 나와 '합정마트' 쪽 골목으로 내려오면 오른쪽에 보인다. 커다란 간판에 투박한 글씨체로 적혀 있는 가게 이름과, 노점 스타일의 주황색 천막에 얼기설기 얽혀 있는 꼬마전구들, 담배 연기가 잔뜩 밴 낡은 소파와 테이블이 한국인은 물론 외국인이 봐도 젊은 사람들은 여길 절대 찾을 것 같지 않은 허름한 동네 술집이다. 하지만 알고 보면 인근 합정동 카페 사장님들이 일을 마치고 부담 없이 모이는 곳이자, 아티스트며 패션 피플들이 합정동 특유의 분위기를 즐기기 위해 자주 들르는 멋진 곳이란 사실. 멕시칸 샐러드 같은 옛날식 안주는 추억을 달래주고, 만 원짜리 치킨과 구천 원짜리 족발 등 서울에서 결코 접할 수 없는 저렴한 안주는 손님들의 주머니 사정을 배려한다. 약속처럼 등장하는 수박 서비스와 이제는 거의 멸종되어 결코 찾아보기가 쉽지 않은 안주인 '멸치 & 고추장'은 그것만으로도 맥주 두세 잔은 너끈히 마실 수 있게 한다.

루카스와 엘리는 이 분위기에 아주 넋이 나갔다. 멸치를 한입에 삼키는 나를 보고 한눈에 반해버린 눈치. 이어서 나온 족발이 다행히 입에 맞는지 쪽쪽거리며 먹느라 내가 말을 시켜도 대답도 하지 않아 대화는 뚝뚝 끊긴다. 이번에도 로컬 펍 소개는 대성공.

그러다 루카스가 갑자기 생각난 듯 묻는다.

"그런데 재원, 왜 이 집의 이름이 '그리운 금강산'이야?"

"응?"

의미보다 느낌으로 '그리운 금강산'을 이해하고 있던 나는 어떻게 설명해야 할지 막막해졌다. 하지만 멀리 유럽에서 온 게스트는 무슨 산이기에 그것을 그리워하는지 궁금할 만도 하다. 하지만 곧 내 입에서 튀어나온 멋진 해석에 나조차 놀라고 말았다. 청산유수와 같은 내 설명을 들으며 독일에서 온 두 대학생은 게걸스럽게 먹던 손을 털고, 허리를 곧추세웠다.

"음. 루카스. 독일에도 아픈 과거가 있었지만 우리는 아직까지 현재진행형이야. 금강산은 한국의 상징과도 같은 산이야. 원래도 산을 좋아하는 한국 사람들이 정말 사랑하는 산이지. 그런데 전쟁으로 분단이 되자 남쪽 사람들은 이제 더 이상 그 산을 찾아갈 수 없게 되었어. 특히나 북쪽이 고향이었던 사람들은 더 안타깝겠지. 지금은 갈 수 없는 그리움을 담아 이름이 '그리운 금강산'인 거야. 그렇기에 젊은 사람들보다는 금강산을 기억하는 나이 많은 손님들이 많이 찾는 거고, 또 그래서 이렇게 한국적인 안주들이 많은 거지. 자, 이제 알겠어?"

설명이 끝날 때쯤 그들의 자세는 꽤나 경건해 보였다. 분단의 아픔을 겪었던 독일 사람들이니만큼 내 설명이 와 닿았나 보다. 난 웃으며 그저 이곳의 맛있는 음식을 즐기자며 루카스와 엘리를 부추겼다. 그들은 한 손에 처음 봤다는 은빛 마른 멸치를 들고, 다른 손으로 이 멸치를 잡기 위해 고생한 어부들을 위해 잔을 부딪쳤다.

루카스는 그렇게 한국의 피시 앤 칩스(노가리와 땅콩), 코리안 피자(빈대떡), 핑거푸드(마른 멸치) 등을 섭렵해나갔다.

○

하지만 이렇게 나 편한 장소로만 돌았단 생각에 루카스에게 미안한 마음이 들었다. 그래서 그에게 강남에 한번 같이 가지 않겠냐고 제안했다. 루카스가 우리 집에 머문 건 브라질 월드컵 때인데, 그 기간 중 서울에서 가장 재미있는 곳을 알고 있기 때문이다. 바로 독일에서 온 아트 커뮤니케이션 그룹인 '플래툰 쿤스트할레(PLATOON KUNSTHALLE)'. 월드컵 시즌에 독일 경기가 있을 때면 수많은 독일인들이 몰려와 단체 관람을 하곤 하는데, 이곳이 정말 독일이 아닐까 하는 착각이 들 정도이다.

우리가 도착했을 때도 독일 특유의 기다란 마법사 모자를 쓴 사람, 독일 국기로 한껏 멋을 부린 사람들, 맥주의 나라답게 이미 맥주에 흥건히 취한 사람들로 작은 독일이 만들어져 있었다. 루카스는 서울에 수많은 독일인이 모여 있는 광경이 신기한지 두리번거리다 내게 소곤거린다.

"재원, 저기 있는 사람들 사투리를 들었는데 아마도 나랑 같은 지역에서 온 애들인 것 같아."

"아 그래? 근데 왜 가서 말도 걸어보지 않아?"

"꼭 그러지는 않아도 될 것 같아. 크롬바커나 마시지 뭐. 아주 훌륭한 맥주야."

그러면서 정말 조용히 맥주만 마시는 루카스. 타지에서 한국 사람만 만나면 마치 이산가족이라도 만난 것처럼 반가워하는 한국인들과는 조금 성격이 다른 것 같다.

하지만 정말 달랐던 것은 독일인들의 축구 관람 문화다. 다 같이 응원가를 부르고 구호를 외치는 한국인들과는 달리 독일인들은 정말 조용히 집중해서 경기를 본다. 하지만 숨죽여 경기를 지켜보다가 아쉽게 득점에 실패하는 상황이 연출되면 그 순간 순식간에 여러 명이 브라운관 앞으로 뛰어 나가 무릎을 꿇으며 오열한다. 정말이지 대단한 집중력이다. 처음 보는 날카로운 루카스의 모습이 너무 재미있어, 이러한 상황에서도 젠틀함을 지키는지 궁금해졌다. 한참 집중하는 루카스를 옆에서 툭툭 치는 위험한 실험도 해봤다. 처음에는 억지로 웃어주다가 점점 얼굴이 굳어져 나를 돌아보는 루카스. 그게 조금 무섭게 느껴져 장난을 멈추고 말없이 축구를 볼 수밖에 없었다.

○

젠틀하고 또 모든 것에 열려 있는 루카스가 인정하지 않는 딱 한 가지가 있는데 그것은 바로 맥주다. 한국의 맥주는 참으로 참담하다는 것이다. 내심 자존심이 상한 나는 루카스의 마지막 투숙일 전날 그를 수제맥주집 '맥파이' 홍대점으로 데리고 갔다. 한국에 맥주가 카스와 하이트만 있는 것이 아님을 알려주기 위해서였다. 다행히 루카스에게 꽤 괜찮다는 평가를 들었다. 그 정도면 자국 맥주에 강한 자부심을 가지고 있는 그에게는 큰 칭찬이다. 하지만 끝끝내 '좋다'는 이야기는 못 들었다. 한국의 많은 것들을 존경하지만 맥주 맛만은 정말이지 마음에 들어 하지 않는 루카스.

맛이 썩 좋지는 않지만 그래도 '괜찮은' 맥주를 기울이며 루카스가 말했다.

"이제 떠나면 코리안 피시 앤 칩스를 언제 다시 먹을 수 있을지 모르겠어. 그리울 것 같아."

이렇게 좋은 맥주를 앞에 두고 노가리라니! 나는 되물었다.

"그거 말고 또 뭐가 떠오를 것 같아?"

"족발, 그리고 네가 만들어준 라면이라는 거랑… 아, 네가 준 너의 회사 가수의 시디는 정말 잘 들을게! 그리고 또….."

그때 깨달았다.

가장 큰 환대는 '나'라는 것.

나의 일상, 내가 일하는 곳, 내가 스트레스를 푸는 술집, 내가 만나서 노는 친구들, 내가 즐기는 음악을 보여주는 것이 게스트들에게는 최고의 여행이라는 것. 게스트에게 관광지나 그럴싸하고 유명한 곳을 소개해주는 것보다 그들과 라이프셰어를 하는 게 그들에게 더 풍족한 여행을 만들어준다는 것.

루카스 이후로 나는 게스트들에게 나의 꾸밈없는 모습을 보여준

다. 나에게는 한없이 사소한 것도 그들에게는 놀랍고 큰 경험이 된다
는 사실을 아는 덕이다. 루카스에게는 그것이 노가리이고.

조리하기 어렵고 냄새나기 때문에 사서 가져가는 건 힘들지 않겠
냐는 내 말에 노가리를 사 가는 건 결국 포기한 루카스. 하지만 다양
한 각도로 노가리를 찍어서 페이스북에 올린 루카스 덕분에 그의 고
향, 독일 쾰른의 친구들은 한국의 피시 앤 칩스에 대해 알게 되었을 거
다. 루카스, 또 다른 코리안 푸드를 먹고 싶으면 한국에 또 오길. 더더
욱 신비한 한국의 레스토랑으로 안내할 테니.

4.

스테판&셰리,
배낭여행이 무엇인지
알려주다

STEFAN & SHERI

FROM U.S.A.

이름

스테판 & 세리

/

국적

미국

/

한국 방문 목적

열정적으로 여행을 즐기기 위해

/

이 방을 고른 이유

조깅할 수 있는 한강과 가까워서

/

특이사항

아침형 인간(들)
시차 적응의 달인(들)
뭐든지 맛있게 먹는 긍정적인 입맛(들)

/

호스트와의 인연

텍사스!!

2014년 7월. 우리 집은 그 어느 때보다 성업 중이었다. 에어비앤비에 올라온 홍대 인근 방이 보통 하룻밤에 사만오천 원에서 육만오천 원 정도인데, 내 작은 방은 그 반값도 안 되는 수준이다. 게다가 한 명이 더 머물려면 그냥 만 원만 추가하면 된다. 친구들은 네 방에 그렇게 사람들이 몰리는데 가격을 올리면 더 많은 돈을 벌 수 있지 않겠냐며 나를 부추겼다. 하지만 나는 지금까지 단 한 번도 가격을 크게 욕심내서 올린 적이 없다. 이거 몇 푼 올린다고 떼돈을 벌 수 있는 것도 아니고, 무엇보다도 게스트들과 즐겁게 어울리며 다양한 경험을 쌓는 게 더 좋다. 그래서 어떤 사람이든 부담 없이 예약하고 또 머물 수 있는 공간이었으면 좋겠다는 생각이다. 덕분에 알뜰하게 여행을 즐기려는 젊은 친구들이 내 방을 많이 찾는다. 이들은 진짜 한국 사람과 집을 공유하고, 패키지 여행이 아닌 진짜 한국을 즐기고, 새로운 것에 열광할 준비가 되어 있는 그런 사람들이다.

여름에 우리 집에 찾아왔던 스테판과 셰리도 같은 부류의 친구들이다. 전형적인 미국 텍사스 커플로, 허세라고는 전혀 없는 사랑스러운 부부다. 하지만 내 작은 방은 키 큰 남자에게는 혼자 쓰기도 약간 좁다고 느껴질 정도의 크기이다. 처음으로 커플이 숙박을 의뢰해서 걱정이 되었다. 더 많은 사진을 보여주며 좁을 수도 있다는 설명을 수차례 했지만, 괜찮단다. 내 집에 머물고 싶단다. 에라 모르겠다 하는 심정으로 예약을 받았다.

그래, 어디 한번 재미있게 지내보자.

○

모험심이 넘치는 이들 부부와의 만남은 처음부터 깊은 인상을 남겼다. 게스트들 중 최초로 나의 도움 없이 우리 집을 정확히 찾아온 것이다!

합정역으로 약속을 잡고 회사에서 이들을 기다리고 있는데 뜻밖의 전화가 걸려왔다.

"헤이, 재원! 나 스테판이야. 어디야?"

"반가워! 난 회사야. 비행기에서 잘 내렸어?"

"그럼, 잘 내렸지. 그런데 생각보다 조금 일찍 도착했어. 그래서 집까지 찾아와봤어. 지금 바로 앞이야."

"뭐? 집 앞이라고?"

"응, 집에 아무도 없는 것 같아서 전화해봤어."

"아… 아마 거기는 우리 집이 아닐 거야. 주변 사람들한테 물어서 성산초등학교가 어디 있는지 물어봐. 금방 그리로 갈 테니까."

"아냐, 지도상으로는 이 집이 맞는 것 같은데?"

합정역과 가깝기만 할 뿐이지 막상 찾아가려면 미로처럼 이어진 구불구불한 골목을 요리조리 통과해야 하기에 동네 사람들이나 우체부조차 우리 집을 찾기란 쉽지가 않다. 가끔 직접 찾아오려 하는 용맹무쌍한 게스트들이 있지만 반드시 헤매게 되어 있기 때문에 성산초등학교 사거리로 가라고 안내하고 내가 찾아가 집까지 데리고 온다. 이번에도 당연히 합정동 어딘가를 헤매고 있을 줄 알았다. 그런데 듣고 보니 그들이 우리 집 앞 풍경을 정확히 묘사하는 것이 아닌가? 설마 하는 마음으로 부리나케 자전거 바퀴를 굴려 집으로 향했다.

정말 우리 집 앞에 큰 키에 한껏 그을린 구릿빛 피부의 커플이 햇빛에 번뜩이는 선글라스를 끼고 각각 자기만 한 가방을 짊어진 채 서성이고 있는 것이 아닌가. 내 자전거 브레이크 소리를 듣고 "오! 초이!" 하고 반갑게 외친다. 여행자의 멋진 미소다.

"너희들이 사상 처음으로 우리 집을 한 번에 바로 찾아온 팀이야! 그런데 대체 어떻게 찾아온 거야?"

"구글 맵을 보면서 지나가는 사람들에게 물어물어 여기까지 왔지."

"대단해!"

○

무언가 부스럭거리는 소리가 들려 비몽사몽 잠이 반쯤 깼다. 시계를 보니 새벽 6시. 스테판과 셰리가 나갈 채비를 하는 듯하다. 벌써 어던가 관광을 가는 모양이네. 나는 다시금 잠에 빠져들었다.

똑똑. 방문을 두드리는 소리가 난다.

"누구세요?"

"응, 나 스테판이야. 우리랑 같이 아침 먹지 않을래?"

시계를 보니 아침 8시. 잠으로 멍한 머리. 상황 파악이 되지 않는다. 문을 열고 나가니 스테판과 셰리가 운동복 차림으로 나를 맞이한다.

"너희, 관광 간 거 아니었어? 아침부터 대체 어딜 갔다 온 거야?"

"조깅!"

셰리가 묘사하는 풍경을 듣자하니 세상에, 거의 월드컵공원까지 다녀온 모양이다. 벌써 시차 적응을 끝내고 운동까지 다녀오다니. 살아 있는 에너자이저 아닌가.

이 활기찬 커플의 정체가 점점 궁금해지기 시작했다. 출근 시간은 10시니까 아침 먹고 차 한 잔 하기에 충분한 시간이 있다.

"인근에 내가 좋아하는 식당이 있는데 갈래? 아침에도 문 열거든. 그런데 프랜차이즈처럼 깔끔하거나 예쁘진 않아. 괜찮아?"

"오, 좋아. 우리가 가보고 싶었던 곳이 바로 그런 곳이야!"

그들을 망원동 기사식당 거리 초입의 '왕봉 기사식당'으로 안내했다. 안타깝게도 지금은 문을 닫았지만 24시간 영업을 하며 택시 기사님들, 야근과 과중한 업무에 지친 많은 사람들을 따뜻하고 푸짐하고 저렴한 음식으로 위로해준 가게다.

　문을 열고 들어서자 투박하게 엮어놓은 발과 주광색(晝光色) 조명이 우리를 따뜻하게 감쌌다. 손님이 오는 소리를 들은 아주머니가 환하게 웃으며 얼른 주방에서 나왔다. 이 익숙한 풍경을 보자마자 벌써 배가 불러오는 느낌이다. 이곳에서는 한 번도 기분 좋게 음식을 먹지 않은 적이 없다. 하지만 아주머니들은 아침에 찾아온 외국인 두 명을 발견하고는 살짝 놀라는 눈치다.

　'놀라지 마세요. 우리 다 같은 사람이에요. 배고파서 왔어요.'

　눈빛으로 아주머니에게 인사를 하고 적당한 테이블에 자리를 잡았다. 이곳에서 내가 가장 좋아했던 메뉴는 김치찌개. 왕봉 기사식당은 단돈 오천 원에 망원동에서 가장 맛있는 김치찌개를 먹을 수 있는 곳이었다.

　식사가 나오고 우리는 사진 한 장 찍을 생각도 못할 정도로 음식에 빠져들었다. 그런데 무슨 미국인들이 김치찌개를 이리도 잘 먹는단 말인가? 알고 보니 텍사스 집 바로 옆의 한식당에서 이미 여러 한식을 먹어봤다고 한다. 하지만 스테판은 이곳의 김치찌개가 자신이 먹어본 음식 중에 단연코 가장 맛있다고 한다.

　"당연한 거 아냐? 내가 너희를 맛없는 가게에 데려왔겠어? 다른 것들도 다 맛있어!"

　"재원, 그런 의미에서 우리 여기 매일 아침 오면 안 되니? 너무 좋다!"

"… 매일?"

늦게 퇴근하고 새벽까지 놀다가 아침에 늦게 일어나는 나로서는 그들의 제안을 쉽게 받아들이기 힘들다. 하지만 저렇게 초롱초롱한 스테판과 셰리의 눈동자를 그냥 무시할 수는 없다. 그들에게 더 많은 것들을 보여주어야겠다는 생각이 들었다.

○

여름밤, 합정동에 사는 사람이라면 말할 것도 없이 망원유수지 사거리로 가야 한다. 일명 '망치(망원 치맥)'라 불린다.

홍대에서 음악 쪽 일을 하다 보면 수없이 많은 '패션 피플'을 만나게 되는데 개성 강하고 화려한 사람들도 좋지만 가끔은 내게 어울리는 조용하고 구수한 것들이 그리워지곤 한다. 그럴 땐 사람 냄새 폴폴 풍기는 곳을 찾게 되는데 합정역이나 망원역에서 걸어서 갈 수 있는 '망치'는 그중에도 단연 최고의 여행지이다.

한강으로 바로 통하는 망원 굴다리를 시작으로 망원역 방향으로 약 200미터가량 스몰비어, 치킨집, 노가리집, 부산의 명물 막걸리인 '생탁'을 파는 가게, 고기집, 바, 족발집, 탕수육집 등이 즐비하다. 망원동의 모든 곳이 다 그렇듯이 물가도 놀랍다. 인근 홍대 상권보다 적어도 삼 분의 일 정도 저렴한 가격의 안주를 만날 수 있다. 육천 원짜리 보쌈 혹은 구천 원짜리 치킨 안주에 맥주 한 잔 들이키는 경험을 하

면 다른 곳에 가서 놀기 힘들다. 여름이면 매일 페스티벌이 열리는 것처럼 설렘과 즐거움과 사람들로 넘실댄다. 처음 와보는 사람들은 하나같이 서울에 이런 곳이 있었냐며 눈이 휘둥그레진다. 이상하게도 여름 성수기 해변의 느낌이 물씬 나는 곳. 바닷가에서 자란 내가 푸근함을 느끼는 이유랄까.

이곳의 진풍경 중 하나는 소위 픽시족들이 타고 온 자전거이다. 소박한 인테리어의 가게들과, 그 앞에 줄지어 서 있는 고급스러운 픽시 바이크·멋진 로드 바이크·깜찍한 미니벨로 들의 부조화는 망치만의 독특한 멋을 뿜어낸다. 자전거와 한강이라는 공통점으로 아저씨든 20대 청년이든 직장인이든 상관없이 모두 웃을 수 있다. 이런 분위기에 전염되었는지 스테판과 셰리는 사진을 찍으며 즐겁게 방방 뛰었다.

보통은 망치에서 치킨 하면 카레치킨으로 유명한 '화통치킨'을 떠올리지만 나는 스테판과 셰리에게 더욱 한국적인 맛을 알려주기 위해 망원유수지 거리 끝의 코너에 있는 간판도 없는 가게를 찾았다.

"다 맛있지만, 프라이드치킨을 시키면 양념은 소스로 따로 나와."

"오, 그러면 프라이드치킨을 시키면 되겠네! 좋아!"

사실 내가 좋아하는 프라이드치킨을 시키기 위해 그렇게 말한 거였다. 그런데 주문하고 생각해보니 좀 멋쩍다. 프라이드치킨은 우리보다 미국 사람들이 훨씬 먼저 먹기 시작했을 텐데 그들에게 당당히 이건 한국 음식이야! 하는 투로 프라이드치킨을 권하다니.

내 생각의 흐름과 무관하게 곧 먹음직스럽게 튀겨져 나온 치킨이

키친타월이 깔린 하얀 민무늬 그릇에 담겨 나왔다. 치킨 무와 소금과 양념장도 딸려서. 치킨을 보니 살짝 정신이 혼미해진다. 빨리 먹고 싶어 스테판과 셰리에게 먼저 먹으라고 연신 손짓으로 치킨을 권했다. 그들에게도 익숙한 음식일 테니 별다른 설명이 필요 없겠지.

그런데 스테판과 셰리가 치킨에 손도 대지 않는 것이 아닌가? 너무 뜨겁다는 게 그 이유다. 닭다리를 후후 불어가며 맛있게 먹는 나를 경이롭다는 듯이 바라보는 스테판과 셰리. 이게 뜨거워서 먹기 힘든 음식이었다니. 이들 역시 나를 둘러싼 익숙한 것들에 대해 한 번도 생각하지 못한 면을 알려주었다. 하지만 치킨이 조금 식자 '맛있다'를 외치며 곧잘 먹는다. 스테판이 이 한국식 치킨에 대해 짧은 평을 했다.

"처음에 프라이드치킨이라고 해서 익숙하게 생각했는데 우리가 먹던 방식과 많이 달라. 치킨에 양상추 샐러드를 곁들여 먹는 거 말야. 게다가 소스는 케첩과 마요네즈라니."

"좀 이상해?"

"아냐. 우리도 충분히 좋아할 수 있는 맛인 것 같아. 그렇지, 셰리?"

"맞아. 재원, 이런 곳을 알려줘서 고마워."

"내 기쁨이지!"

술잔이 오가고 닭뼈가 쌓여갈수록 텍사스에서 온 미국인 부부도 한국의 소시민적인 분위기에 슬슬 동화되어갔다.

스테판의 직업은 놀랍게도 사이클 코치. 텍사스에서 프로급 팀 선수들을 지도하고 있단다.

"그럼 예전에는 선수 생활도 했겠네?"

"응. 몇 년 전에는 미국 국가대표였어."

전직 미국 국가대표 사이클 선수 뒤로 자전거 동호회 회원들이 쉭쉭 지나가고 있었다. 태어나서 처음으로 사이클링을 직업으로 가진 사람을 만났다. 미국이라는 큰 나라에서 가장 자전거를 잘 타는 사람 중하나가 지금 내 앞에서 치킨을 뜯고 있다는 사실이 믿기지 않았다. 그리고 이제야 그가 어떻게 그렇게 열정적으로 서울 곳곳을 돌아다니는 동시에 매일 아침 상암동까지 조깅을 다녀올 수 있는지 이해할 수 있었다.

한편 셰리는 초등학교 선생님이라고 했다.

"오, 굉장히 좋은 직업 아냐? 한국에서는 자식이 초등학교 선생님이 되면 부모님이 굉장히 좋아해."

"맞아, 안정적인 직업이지. 하지만… 애들이 문제야. 정말 말도 안되게 버릇이 없어. 3년쯤 일했는데, 도저히 못 해먹겠다는 생각에 얼마전에 휴직을 해버렸거든. 복직할 생각을 하면 벌써부터 머리가 아파."

"믿기지가 않아. 미국 교사들은 권한이 세서 좀 편할 줄 알았어."

"누가 그런 말도 안 되는 소리를! 애들은 내 말을 절대 안 들으려고 하지, 학부모는 나를 자기 애 돌보는 베이비시터쯤으로 알지, 정말… 돌아버리겠다고."

쉐리의 표정은 정말이지 생생했다. 어디서 많이 봤다 싶은 표정이었는데, 그 어려운 임용시험에 합격하고 교사가 되었는데 버릇없는 학생들과 기센 학부모 때문에 정말 힘들다고 울먹이며 하소연했던 내 친구의 그것이었다. 다른 나라 다른 사람인데 어쩌면 이렇게 똑같을 수가 있는지.

스테판은 익숙한 상황이라는 듯 내게 어깨를 으쓱해 보였다. 그날 우리는 합심해서 셰리를 위로했다. 그녀의 말에 귀 기울이고 작은 위로를 건네며 우리의 밤은 깊어갔다.

외국인 친구들과 이렇게 이야기를 나눠보면, 세상살이가 힘들어 다 그만두고 싶은 건 만국 공통이라는 것을 깨닫는다. 처음 사는 인생은 누구에게나 어렵고, 고민되고, 혼자서는 버겁다.

하지만 그날 우리는 함께였다.

○

스테판과 나의 위로에 힘을 얻었는지 셰리는 음식을 좀 더 먹자고 제안했다. 난 그들에게 내 단골집인 '부산본가'와 '빡친 노가리'를 추천했는데, '한국형 피시 앤 칩스'를 먹을 수 있다는 내 말에 정확히 무엇을 파는 집인지도 모르고 노가리 가게로 가자며 자리를 털고 일어섰다. 이 노가리는 누구에게 소개해도 항상 충격과 즐거움을 안겨준다.

아니나 다를까, 미국 남부 친구들 역시 놀라움을 금치 못한다. 노가리와 함께하는 끝없는 수다와 웃음.

우리의 대화 주제는 자연스럽게 텍사스로 이어졌다.

사실 텍사스는 음악 관련 일을 하는 사람이라면 모두가 꿈꾸는 곳이다. 바로 세계에서 가장 큰 음악 축제이자 미디어산업 컨퍼런스인 '사우스 바이 사우스웨스트(South by Southwest)'가 텍사스 주 오스틴에서 열리기 때문이다. 그런데 놀랍게도 그들의 신혼집은 축제가 열리는 곳에서 15분 거리라고 한다.

"으악!"

입에서 절로 감탄사가 튀어나왔다.

"우리 회사에서도 매년 아티스트를 보내. 물론 스태프도 함께! 내년에는 정말 내가 갈 수 있으면 좋겠다. 그럼 너희를 다시 만날 수 있겠지?"

"오, 생각만 해도 멋진 일이야. 우리는 계속 텍사스에 있으니까 꼭 들러. 오기만 하면 숙소는 얼마든지 공짜로 구해줄게!"

나는 조만간 텍사스에 가겠다고 약속하고는, 그들과 기분 좋게 어깨동무를 하고 '텍사스!' 하고 외쳤다. 망원의 공기가 텍사스로 가득 차는 순간.

물론 인생은 어떻게 흘러갈지 알 수가 없다. 뭐, 사우스 바이 사우스웨스트에 갈 수도 있고, 못 갈 수도 있고, 또 내가 간다고 해도 그들과 시간이 맞지 않을 수도 있고. 하지만 다음에 또 만날 수도 있다는 일말의 가능성이 생긴 것 하나만으로 우리의 기분은 하늘을 찔렀다.

○

　우리들의 분위기가 하늘 높은 줄 모르고 즐겁게 날아오르는 동안
에도 난 휴대폰으로 연신 이곳저곳을 찍어대고 있었다. 스테판은 그런
내가 신기했나 보다.
　"재원, 너는 이곳에 살면서 왜 관광객처럼 사진을 찍는 거야? 매일
보는 것들이잖아?"
　"새로운 사람들과 오면 모든 것이 새롭게 보이거든. 꼭 여행을 온
기분이야. 내 주변에 이렇게 아름다운 것들이 많았나 싶고, 새삼 모든
것이 놀라워."
　팍팍하다 못해 삭막한 서울살이. 하지만 이렇게 게스트들과 동네
마실을 나오면 나도 여행자가 된 기분이다. 누구와 함께 하느냐에 따
라 내 주변의 풍경이 매번 새로워지는 경험은 단칸방 게스트하우스를
운영하지 않았더라면 절대 할 수 없었을 것이다.
　망원유수지에서 밥을 먹고 한강을 따라 집까지 걸어오면 딱 15분
이 걸리는데, 한강의 야경도 즐기고 먹은 음식도 소화시키는 일석이조
의 효과를 누릴 수 있다. 한강 쪽으로 가기 위해 망원 굴다리를 지나는
동안 할머니들이 씩씩하게 운동하는 모습을 보며 신기해하는 스테판의
모습이 재미있다.

떠나기 전에 잘 봐두길. 저분들이 한국의 진정한 생활체육인이니
까.

그들과 함께한 1주일 동안 정말 쉴 새 없이 먹고, 이야기하고, 산
책하고, 여행했다. 그들의 끝없는 열정과 체력에 나 역시 감화되어 한
명의 열정적인 배낭여행자가 되는 즐거운 경험을 했다.

사우스 바이 사우스웨스트가 아니더라도, 언젠가 어디선가 꼭 다
시 만날 수 있기를.

5.

타일러,
망원시장에 나타난
호주 깍쟁이

TYLER

FROM AUSTRALIA

이름

타일러

/

국적

호주

/

한국 방문 목적

한국의 자연을 즐기기 위해

/

이 방을 고른 이유

까다로운 요구사항과 질문들을 잘 받아줘서

/

특이사항

아웃도어 스포츠 마니아

에너지가 넘치는 남자

당연한 것도 색다르게 받아들이는 소년스러움

/

호스트와의 인연

호스트의 편견을 박살내줌

2011년 시드니를 여행할 때, 《시드니일보》에서 제공하는 '이달의 카페 TOP 10'과 '이달의 펍 TOP 10' 리스트를 무작정 쫓아다녔다. 카페와 바를 좋아하는 내게 시드니는 너무나 매력적인 곳이었다. 낮에는 작지만 알찬 도시의 카페들에서 풍겨오는 커피 향기에 넋이 나가곤 했다. 카페를 찾는 호주 사람들은 하나같이 옷차림이 단정하고 여유가 넘쳤다. 그들은 카페 옆에 자전거를 세우거나 장바구니를 내려놓고 작은 잔에 커피를 사서 테이블에 앉지 않고 밖으로 나와 커피를 즐겼다. 그 모습이 너무나 신선하고 이국적으로 보였다. 저녁이 되면 환상적인 분위기를 자아내는 세련된 바들이 시드니를 마치 천국의 놀이터처럼 만들어버리곤 했다. 주광색 조명 아래 서로의 미모를 뽐내며 잔을 부딪치는 도시 남녀들, 스포츠 경기에 광분하며 얼싸안는 친구들. 모든 것이 달콤한 설탕케이크 같은 풍경이었다.

내가 그곳에 낄 수 없다는 것만 빼고 말이다.

그런 멋진 공간에 동양인 남자는 늘 거의 나뿐이었는데, 미국을 여행했을 때와 달리 현지인들과 섞이기가 쉽지 않았다. 오히려 의아한 시선(쟤는 왜 여기 온 거지? 하는 듯한)에 괜히 주눅이 들었던 기억이 난다. 내 주변으로는 누구 하나 다가오지 않았고, 내가 먼저 말을 걸어도 다들 시원찮은 대답만 할 뿐이었다. 친구는 될 수 없으니 그냥 돈만 쓰고 가라는 건지. 눈과 입은 호강이었지만 기분은 썩 좋지 않았다.

이처럼 호주 여행에서 안 좋은 추억을 가져온 터라 호주 사람들에게 큰 호감을 가지고 있지는 않았다. 그 나라 사람이라고 다 같은 건 절대 아닐 텐데 말이다.

호주 브리즈번 출신이라는 타일러는 그래서 처음부터 반가운 친구는 아니었다. 한껏 멋을 부린 프로필 사진부터 비호감이었다. 게다가 쪽지를 주고받는 내내 깍쟁이 같은 말투로 시시콜콜한 질문들을 쏟아내며 날 짜증나게 만들었다.

> ⌁ 드라이기는 있니? 비데 같은 건 있어?
> ⌁ 열흘이나 머무는데 방값을 더 깎아줘야 하는 거 아니야?
> ⌁ 네 말대로 정말 공항에서 2시간 만에 갈 수 있어? 못 가면 어떡하지?

정말 설렘은 하나도 없이 거의 오기로 예약을 받고는 씩씩거리며 타일러가 도착하기를 기다렸다.

'얼마나 대단한 사람인지 한번 보자고!'

그런데 타일러는 등장부터 내 예상을 크게 벗어났다. 이 친구는 GPS를 이용해 집을 바로 찾아왔다. 동네 우체부도 찾기 어려워하는 이곳을 말이다. 다소 의외라는 생각이 들었지만 쓸데없이 자존심만 강해서 저런 건가 하는 못된 생각을 했다. (스테판과 셰리가 집으로 바로 찾아왔을 때 같이 기뻐해줬던 것은 까맣게 잊었다.) 그리고 울려 퍼지는 우렁찬 노크 소리. 마치 택배를 받듯이 성의 없이 문을 확 열어젖혔다.

헐렁한 체크무늬 남방에 해질 대로 해진 청바지를 입고, 다소 우스꽝스러운 밀짚모자를 쓰고 구수한 웃음을 지으며 이마에 땀을 닦아내는, 나보다 약간 작은 키에 웃음이 푸근한 타일러가 서 있었다.

"세상에. 너무 찾기 힘들었던 거 있지!"

깔끔하고 샤프한 프로필 사진과 완전히 반대되는 모습이다. 패기만 가지고 농활을 갔다가 고생만 실컷 하고 돌아온 귀여운 대학 신입생 같다. 그런 타일러의 모습에 나는 단번에 경계심을 풀어버렸다.

타일러는 어색한 듯 신발을 벗어 신발장에 넣더니 걸어 들어왔다. 그리고 작은 방의 문의 열어주자, "오~ 좋아!"를 연발하며 보잘것없는 방도 이만하면 충분히 좋단다.

무엇을 하러 한국에 왔냐는 질문에 지리산이며 설악산 등의 멋진 산들을 보고 싶고, 부산에 가서 바다 수영도 하고 싶단다. 깍쟁이인 줄 알았는데 점점 친근함이 느껴지는 친구다. 한국의 전통적인 것들을 체험하고픈 의지도 강하고 말이다.

원래는 혼자 놀게 내버려두려고 했는데, 생각이 바뀌었다.

"타일러, 설악산이나 지리산 하이킹도 좋지만 '망원마켓' 투어도 한번 해보지 않을래? 어때?"

"망원마켓? 어떤 곳인데?"

"우리 집 근처에 있는 전통마켓인데 너무나 아름다운 곳이야. 나도 다 알지는 못하는데, 최근 좋아하는 곳이 꽤 생겼거든. 하이킹만이 한국의 전부가 아니라는 걸 알려주고 싶어."

"응, 나야 좋지."

"그렇다면 한국의 진수를 보여줄게. 언제 시간 돼?"

○

망원동에 위치한 망원시장은 말도 안 되게 저렴하고 맛있는 음식들이 즐비한 곳이다. 칼국수 천오백 원, 빵 네 개 천 원, 두유 오백 원 등등. 게다가 이유를 알 수 없을 만큼 생활용품들이 저렴하다. 웬만한 먹을거리나 생활용품을 다른 곳의 절반 가격으로 구입할 수 있으니 이얼마나 엄청난 곳인가. 홍대에서 핫한 스튜디오의 디자이너부터 고향에서 올라온 어머니까지 그 누구든, 나이와 성별을 막론하고 엄지를 치켜세우는 '핫플레이스'이다. 뉴욕에 첼시마켓이 있다면 한국에는 망원시장이 있다고 자부할 수 있다!

망원시장에 가는 날이면 이상하게 날씨도 항상 화창하다. 그 유명한 잭슨빌딩을 지나 남경슈퍼와 남경카페 옆 나무 계단을 콩콩 내려가서 아기자기한 담쟁이덩굴과 아이들의 웃음소리가 사랑스러운 성산초등학교 골목길을 지나 망원동으로 향한다. 합정동에서 길 하나 건너면 망원동이지만 언제나 여행을 떠나는 기분이다.

"타일러, 망원시장은 서울 3대 전통시장 중 하나야. 아마 보면 깜짝 놀랄 거야!"

물론 전혀 근거 없는 이야기이다. (따라서 타일러에겐 비밀이다.) 하지만 본격적으로 시장에 들어서기 전부터 서서히 드러나는 재래시장 느낌의 상점들에 타일러는 연신 '어썸'을 외치며 까만 선글라스를 머리 위로 치켜올리고 하얀 얼굴을 두리번거린다. 예상했던 반응이 나오니 기분이 좋다.

백인인 타일러와 대만인처럼 생긴 나의 조합을 이상하게 쳐다보는 사람들. 그도 그럴 것이 망원시장은 외국인들에게는 많이 알려지지 않은 곳이라 관광객을 찾아보기 힘들다. 하지만 누가 좀 쳐다보면 어떠랴? 난 지금 한국을 대표해서 이 호주 친구에게 제대로 된 한국의 맛을 보여주려 하고 있거늘.

망원시장의 입구를 알리는 큰 아치를 지나 중간 즈음에 위치한 청과물 상점에 들렀다. 혼자 사는 직장인 처지라 과일을 많이 살 수는 없지만 좋아하는 참외는 한두 개 정도 사가곤 한다. 집에 데려갈 참외를 둘러보고 있는데 옆에서 타일러의 탄식이 들려왔다. 한 손으로 참외를 집어들곤 한참을 경이로운 표정으로 살펴보더니, 함께 사진을 찍고 향을 맡는 등 한참을 참외와 애틋한 시간을 가진다. 한 번도 본 적 없는 아름다운 과일이란다. 그 모습을 지켜보고 있자니 문득 드는 생각.

'매년 여름이면 흔하고 흔한 게 참외인데… 이 친구한테는 이게 그렇게 아름답구나.'

한국 사람들에겐 평범하지만 다른 사람들이 보면 특별해 보이는 그런 것을 더 알려주고 싶다는 생각이 들었다.

그 순간, 내 눈앞에 아주 멋진 노점이 눈에 들어왔다. 아주 크고 강렬한 궁서체로 박혀 있는 네 글자. 미 숫 가 루 !

'바로 저거야!'

멋진 카페와 좋은 커피는 호주에도 많다. 그러니 한국에 왔다면 이런 걸 맛봐야지!

노점에 다가가 오백 원짜리 얼음 동동 미숫가루를 주문했다. 노점 주인인 할머니는 익숙하고 재빠른 손동작으로 미숫가루 제조에 돌입했다. 미숫가루를 한 국자 크게 퍼서 투명하고 목이 깊은 플라스틱 반찬통에 툭 털어 넣더니 거의 동시라고 할 정도로 짧은 순간 옆에 있는 하얀 설탕을 종이컵으로 퍼서 반찬통에 붓는다. 하얀 설탕이 황토색 미숫가루에 소복이 쌓인 모양이 기가 막힌다. 여기에 얼음 90퍼센트로 이루어진 얼음물을 적당량 떠 넣고 반찬통 뚜껑을 꼭 닫고 셰이킹에 들어간다. 사그락 사그락 사그락. 두바이의 월드클래스 바텐더가 이러할까? 얼음과 설탕과 고운 미숫가루가 통 속에서 어우러져 하나의 세상을 만들어낸다.

이 모든 과정을 경이에 찬 눈빛으로 보던 타일러는 하마터면 거의 코끝까지 내려온 선글라스를 땅에 떨어트릴 뻔했다. 미숫가루를 주문한 지 단 30초 만에 미숫가루는 뽀글뽀글 기포를 내뿜으며 종이컵에 보기 좋게 담겼다. 한 잔만 시켰는데 만들고 조금 남은 미숫가루를 종이컵에 따라 내게도 건네는 할머니의 센스.

걱정 반 설렘 반으로 몸에 좋은 거라는 제스처를 취하며 그에게 먹어보라고 권유하자 용기를 내서 입에 컵을 갖다대는 타일러. 미숫가루를 한 모금 맛보더니 이제껏 들어본 적 없는 진지한 질문을 던진다.

"이게… 뭐야?"

말을 잇지 못하는 타일러의 모습을 보니 더욱 의기양양해졌다. 심호흡 크게 한 번 하고, 간만에 길고 긴 영어를 구사했다.

"이건 말이야, 몸에 좋은 곡물을 갈아 만든 웰메이드 건강 음료야. 달콤한 설탕에 시원한 얼음을 섞어 먹으면 맛까지 끝내줘. 아마 한국 말고 다른 나라에서는 맛볼 수 없을걸?"

"그렇구나! 이렇게 엄청난 음료는 처음 먹어봐! 대단해! 달고 시원하고 고소해! 어떻게 이런 맛이 나지?"

입안의 모든 감각을 총동원해서 그 맛을 음미하고는 온갖 감탄사를 쏟아내는 타일러. 정말 그 정도로 맛있나 싶다가도, 그의 순수한 감탄에 나까지 새삼 미숫가루의 맛을 재평가하게 된다. 타일러는 이 맛을 호주에도 꼭 알리고 싶단다. 글쎄… 그냥 지금 많이 먹어두는 게 나을 거다. 그런 의미에서 미숫가루 한 잔 더.

참외 두 개와 미숫가루 두 잔, 총 이천 원어치의 사치를 누린 우리는 브런치를 먹기 위해 움직였다.

"이제 망원시장의 비밀의 화원으로 갈 거야. 자연과 더불어 스테이크 한 번 썰어야 하지 않겠어?"

미숫가루

"좋아!"

○

　망원역에서 망원시장으로 들어가는 길목은 늘 활력이 넘친다. (보통은 이 골목까지 모두 망원시장이라 부른다.) 좁은 골목에 다닥다닥 붙은 작은 청과물 가게들이 내뿜는 다채로운 색깔들은 언제 봐도 새롭게 반하게 된다. 투박하게 뜯은 박스를 가격표 삼아 매직으로 채소며 과일 가격을 적어놓은 상인들, 좋은 반찬거리를 고르기 위해 부지런히 허리를 굽히고 바쁘게 손을 움직이는 아주머니들. 저마다 봉지 한두 개씩을 들고 다니는 사람들의 표정에는 묘한 설렘이 떠올라 있다. 이곳이 홍대에서 단 두 정거장 거리라는 것이 믿기지 않을 따름이다. 이러한 재래시장의 정취가 거리를 감싸는 그 초입에 '제인버거'가 뜬금없이 상큼하고 깜찍한 존재감을 드러낸다.

　민트색 페인트를 뒤집어쓰고 큰 건물들 사이에 낑낑 비집고 들어선 이 작은 가게 앞에 다가서면 이런 것이 언제 시장에 생겼을까 하는 궁금증이 든다. 나무판자로 짜 맞춘 민트색 간판에는 과일을 닮은 동글동글한 흰색 글씨로 가게 이름이 큼직하게 적혀 있고, 그 아래 작은 입간판에는 녹색 고깔모자를 쓴 익살맞은 소녀가 그려져 있다. 동화 속 여섯 번째 난장이가 신혼집을 차린 것 같은 분위기의 작은 집. 다만 현관문이 항상 손님들을 향해 열려 있다. 뭐 신혼집이 개방형이 아니란 법은 없겠지만. 아무튼 이런 가게가 상수동이나 삼청동인 아닌 망원시장에 있다는 점이 이색적이다.

안쪽에 딸린 작은 정원에 자리를 잡으면 푸른 화초와 나무에 둘러싸여 식사를 즐길 수 있다. 햇살이 좋은 날이었기에 나는 당연히 타일러를 정원으로 안내했다.

"이 정원에서 밥을 먹으면 어느 근사한 성의 식물원에서 밥을 먹는 느낌이야."

"응, 정말 귀여운 것 같아."

정원을 둘러보느라 정신이 없던 타일러가 문득 던진 질문 하나.

"그런데 재원, 왜 '제인버거'야? 사장님 한국 사람인 것 같은데?"

가게 이름에 대해서는 깊게 생각해본 적이 없었다. 늘 가게에 있는 젊은 여자가 여기 사장님이라고 생각했고 그 사람 이름이 제인이겠거니 했다. 사실 단순하기 짝이 없는 성격인지라 일단 먹기 시작하면 생각이고 자시고 할 여유가 없이 먹는 데만 집중하기 때문에 궁금증 같은 것은 오래가지 않았다.

"그러게. 그건 나도 모르겠네. 물어보지 뭐."

우리는 물을 가지고 온 사장님을 붙들고 물었다.

"사장님, 그런데 왜 제인버거예요? 혹시 제인이 사장님의 영어 이름이에요?"

"아… 전 사장이 아니에요. 저쪽에 계신 분이 사장님이세요."

자신이 사장이 아니라고 커밍아웃한 여자 종업원은 카운터 앞에서 있는 푸근한 인상의 한 아주머니를 가리켰다. 사장님은 천진난만한 내 질문이 귀여웠는지 웃으며 대답을 해줬다.

"제인버거의 제인은 영어가 아니라 한자어예요. 제인(諸人)은 '모든 사람'이라는 말이에요. 그러니까 모든 사람을 위한 버거, 모든 이들을 위한 음식이란 뜻이죠."

즉 많은 사람에게 대접할 수 있는 좋은 음식을 만든다는 사장님의 철학이 담긴 이름인 것이다. 단순히 여자 이름인 줄로만 알았던 나는 살짝 충격을 받았다.

지금까지 그렇게 자주 왔는데.
호기심 많은 이 친구가 아니었으면 영영 가게 이름의 깊은 뜻도 모르고 지나갈 뻔했다.

예상치 못한 제인버거의 이름에 대해 이런저런 이야기를 하는 사이 김이 모락모락 나는 햄버그스테이크 도시락이 나왔다.

제인버거는 메뉴의 가성비도 매우 훌륭하다. 햄버그스테이크 정식 도시락은 단돈 오천 원인데 그 구성은 만만치 않다. 정성스럽게 지은 밥과 두툼한 햄버그스테이크, 그 위에 넓적하게 올라간 계란프라이와 레시피가 궁금해지는 달콤한 소스, 샐러드와 양파장아찌까지. 한 접시가 이토록 드라마틱할 수 있다는 건 기적이다.

우리는 한껏 상기된 표정으로 누가 관광객이랄 것도 없이 사진을 찍어대고는 도시락의 첫술을 들었다. 두툼한 햄버그스테이크의 육즙이 터진다. 단골인 나도 먹을 때마다 물개박수를 치게 되는데 이역만리 타국에서 온 타일러의 감동은 어떠할까. 나는 속으로 조금 의기양양해졌다.

호주의 10불 스테이크만 있는 줄 알았지?

한국의 '제인 버거'도 있다 이거야!

타일러는 이것이 자신이 한국에서 먹었던 것 중 최고라며 연신 감탄사를 내뱉었다.

"와우. 이거 정말 맛있다. 이런 퓨전 스타일은 처음이야. 한국에 와서 내가 먹었던 것 중에 제일 맛있어!"

거의 펄쩍 뛸 기세로 좋아하는 타일러를 보며 나도 신이 나서 이것저것 음식에 대해 알려주었다. 하지만 타일러가 제일 궁금해하는 회색빛이 도는 소스에 대해서는 나도 도통 알 수가 없다. 아마도 영업 비밀이리라.

웃고 즐기는 와중에 사장님이 서비스라며 복숭아주스를 가져다주었다. 타일러는 갑자기 등장한 주스 잔에 놀라며 이내 지갑을 꺼내려고 한다. 타일러에게 한국식 '서비스'의 개념을 설명할 길이 없기에 그저 사장님의 '기프트'라고만 설명하자, 그제야 타일러도 지갑을 내려놓고 나와 함께 고개를 숙이며 감사하다는 말을 전했다.

단언컨대 제인버거에서는 최고의 과일주스를 맛볼 수 있다. 여름이면 복숭아주스가 서비스로 나오는데, 복숭아가 목구멍에서 시원하게 피어나는 느낌이랄까. 타일러 역시 감복하여, 이것은 필히 전통시장이 가까이 있기에 가능한 맛이라며 날뛰었다. 그런 모습을 사장님은 흐뭇한 표정으로 지켜보았다.

○

부산으로 떠나기 전날 타일러는 나와 간단히 술을 마시며 우리 집에서의 추억을 이야기했는데, 나와 함께 즐겼던 한국의 음식들과 볼거리들은 자기에게 최고의 기억이라고 했다.

나 역시 그와 함께한 며칠이 너무나 행복했다. 그의 순수한 얼굴과 여행에 대한 열정 때문에 나까지 여행자가 된 기분이었으니까. 또한 어설프게 가지고 있었던 호주에 대한 반감도 많이 내려놓을 수 있게 되었다.

타일러의 다음 여행지는 부산. 내 고향이기에 여러 조언을 많이 해줄 수 있었지만 그냥 참았다. 부산에서 좋은 호스트를 만나 타일러만의 살아 있는 경험을 하길 바라는 마음에서였다.

타일러의 부산 여행이 궁금해 에어비앤비 어플에서 그의 발자취를 따라가보았다. 타일러가 머물렀던 부산 숙소의 호스트는 타일러에 대해 이렇게 설명했다.

보기 드문 청년다운 청년이었다.

여행을 사랑하고, 부산 바다에서 수영하는 것을 좋아했다.

그의 인생과 여행을 응원한다.

그는 합정동에서와 마찬가지로 부산의 호스트에게도 에너지를 준 게스트였나 보다.

착한 브리즈번의 호기심 많은 사나이 타일러.

나의 편견이 얼마나 못난 것이었는지 알려줘서 고마워!

6.

멜리에,
오스트리아의 행복 전도사

MELLIE
FROM AUSTRIA

이름

멜리에

/

국적

오스트리아

/

한국 방문 목적

인턴십

/

이 방을 고른 이유

호스트랑 이야기해보고 싶어서

/

특이사항

마당발, 극강 친화력의 소유자
밝은 기운이 느껴진다(?)
온 우주가 멜리에를 좋아한다

/

호스트와의 인연

호스트에게 아침 식사를 만들어준 최초의 게스트

멜리에는 프로필 사진 한 장만으로 날 완전히 사로잡았다. 곱슬곱슬한 긴 머리, 반듯한 이마와 짙은 눈, 세고비아 기타 연주에 심취한 표정. 그리고 이 모든 것 위에 짙게 내려앉은 주황색 노을.

오스트리아 출신의 멜리에는 런던에서 대학을 다니고 있고, 한남동에 있는 괴테 인스티튜트(독일문화원)에서 인턴십을 하기 위해 한국을 찾는다고 한다.

하지만 독일문화원이고 런던이고 뭐고 이 생각밖에 들지 않았다.

'저 사람을 만나고 싶다!'

설레는 마음으로 일정을 물었는데 오 마이 갓. 3개월간 우리 집에 묵고 싶다는 것이 아닌가? 그냥 덥석 받아들이면 나야 물론 좋다. 하지만 나의 양심이 그렇게 하도록 허락하지 않았다. 설레는 맘을 애써 가라앉히고 그녀에게 메시지를 보냈다.

⋯→ 물론 나도 네가 우리 집에 오래 있어주면 고맙겠지만, 우리 집은 그렇게 좋은 편이 아니야. 도착하고 나서 너의 마음이 변할 수 있어. 그러니 2주 정도 지내보고 다시 결정하는 게 어때?

우리는 그렇게 우선 2주만 계약하기로 합의를 봤다. 사람이 같이 사는 문제이기 때문에 성격과 성향도 맞아야 오래 지낼 수 있다. 게다가 지금껏 누구도 그렇게 길게 우리 집에 머물렀던 적이 없다. 싸서 좋다는 게 우리 집에 대한 평가인데 그건 짧게 머물다 간 사람들의 이야기. 길게 계약하고 왔는데 막상 집이 마음에 안 들면 그것만 한 곤욕이 어디 있을까. 사심을 내려놓고 호스트로서 최대한 이성적으로 게스트를 맞이한 이 결정… 정말 잘한 것이다. 그렇게 생각해야지 뭐.

○

사진 속 최강 여행자 포스와는 달리 멜리에는 결국 우리 집을 찾지 못했다. 설상가상으로 와이파이도 잡히지 않는지 연락도 두절되었다. 친구까지 동원해 2시간 넘게 그녀를 찾아 온 동네를 헤맸지만 결국 실패했다. 아, 에어비앤비 호스트 노릇 5개월 만에 내가 국제 미아를 탄생시켰구나.

그리고 그녀는 이웃집 할머니 집에서 발견되었다.

신기하게도 영어 한 마디 못하는 옆집 할머니와 2시간 동안 꽤나 친해진 모양이다. 할머니는 멜리에와 이제 헤어져야 한다는 사실이 서운하신 것 같다. 멜리에는 나를 알아보고도 할머니와 한참을 작별 인사를 나누더니 이내 환한 얼굴로 날 반겼다.

"재원~ 내가 멍청했지 뭐야. 길을 못 찾아서 한참을 헤매다가 할머니를 만났어. 미안해!"

정말이지 환한 미소다. 내가 살면서 언제 이런 밝은 에너지를 느껴
봤나 싶을 정도였다. 상대뿐만 아니라 주변의 모든 공기까지 기분 좋
게 만드는 힘이 있다. 난 당황한 채로 횡설수설했다.

"아… 미안하긴. 나도 제대로 못 알려줬는걸. 그런데 짐은 이게 다
야? 내가 들어줄게 어서 들어가자. 바로 옆이야."

"그러자!"

긴 시간 동안 아는 사람 하나 없는 외국에 뚝 떨어져 있었음에도
이 상황이 마냥 즐거운 듯, 멜리에는 종종거리며 내 뒤를 따랐다.

○

간만에 오래 잔 것 같은 기분을 느끼며 살며시 눈을 떴다. 그런데
밖에서 치익 하는 소리와 낯선 향기가 난다.

문을 열고 나가니 멜리에가 초라한 주방에서 무언가 만들고 있다.

"멜리에, 너 요리… 하는 거야?"

"응, 아침을 만들고 있어. 이제 거의 다 됐으니까 얼른 앉아."

집에 있던 프라이팬이라는 넓적한 물체가 오랜만에 기름을 만나
달그락 달그락 즐거운 소리를 내고 있다. 하지만 아침잠이 덜 깨서 이
게 무슨 상황인지 통 파악이 안 되는 나는 그녀의 손짓에 따라 좀비처
럼 식탁 앞으로 갔다.

아니 잠깐.

우리 집에 원래 식탁이 있었나?

손재주 없는 나 같은 자취생에게 요리란 사치이다. 대부분 밖에서 끼니를 해결하고, 정말 어쩌다 집에서 밥을 먹을 때는 부엌 조리대에 반찬통을 늘어놓고 서서 대충 먹는다. 덕분에 원래 식탁 겸 책상으로 쓰려고 샀던 네 발 달린 물건은 우편물 선반으로 변한 지 오래였다. 그러니 깔끔한 식탁으로 변신한 이 가구가 낯선 건 당연지사.

어정쩡한 자세로 앉자 내 앞에 놓여 있는 그릇에 구운 바게트와 내 몫의 계란 덩어리들, 그리고 먹음직스러운 토마토소스를 얹어주었다. 상큼한 향기가 기가 막히다.

"이게 다 뭐야 멜리에?"

"내가 아침에 주로 해 먹는 간단한 오스트리아식 스크램블에그야. 모양이 좀 엉망이네."

멜리에는 조금 멋쩍다는 듯 머리를 긁적이며 웃었다. 하지만 내 눈에 요리의 모양 같은 게 눈에 들어올 리 없다.

자취 11년차, 친구가 요리한 아침을 얻어먹는다.

에어비앤비를 하면 생각지도 못한 따스한 일들이 종종 일어난다.

멜리에가 이 근처에 음식 재료를 더 살 수 있는 곳이 있는지 물어봤다. 빵과 계란은 바로 옆 편의점에서 샀는데 무언가 더 해 먹으려면 치즈며 채소 등이 더 필요하단다. 이른 아침이라 망원시장까지는 가기

멀고, 가까운 '하모니마트'를 알려줬다.

그녀는 길을 모를 테고 나는 출근까지 시간이 좀 남아 있었기에 하모니마트까지 같이 갔다. 맞다, 그녀와 함께하는 아침을 계속 즐기고 싶다는 생각이 아예 없지 않았음을 인정한다. 하지만 게스트를 돌봐야 하는 호스트의 마음가짐이 더 컸던 게 사실이다.

하모니마트가 다양한 식품을 취급하는 줄은 알고 있었지만 이 정도일 줄은 몰랐다. 멜리에가 원하는 것들이 다 있다. 그녀는 평소 내가 전혀 눈길을 주지 않았던 다양한 구역에서 알 수 없는 과일과 치즈 등을 잔뜩 골랐다. 한국의 슈퍼가 아니라 흡사 오스트리아 한인타운에 있는 마켓 같은 느낌이 들었다.

짧은 쇼핑을 마치고 집으로 돌아가는 길. 멜리에는 이 재료들로 만들 수 있는 간단한 오스트리아 요리에 대해 재잘재잘 이야기했다. 합정동이 완전히 오스트리아처럼 느껴졌다.

멜리에와의 여행은 이렇게 낭만적으로 시작되었다.

○

멜리에와의 아침 식사는 그 뒤로도 계속 이어졌다. 평소보다 조금 일찍 일어나 밥을 먹으며 그녀와 나누는 대화는 너무나 즐거웠다. 사실 그녀와의 아침이 더욱 소중했던 건 멜리에가 머무는 동안 회사일이 너무 바빠서 저녁에 함께 시간을 보내지 못했기 때문이기도 하다.

"그런데 멜리에, 여자 혼자 용감하게 남자가 운영하는 에어비앤비를 선택한 이유가 뭐야?"

"너 때문이야."

"… 나?"

"응! 네 직업이 너무 매력적이거든. 내가 다니는 대학에서는 다들 음악 마케팅 일을 하고 싶어 해. 무급 인턴도 구하기 어려워서 난리야. 나도 그쪽 일을 해보고 싶은 생각이 없지 않고."

"그렇구나. 음… 그런데 나도 이 일을 시작한 지 얼마 되지 않아서 너한테 도움이 되는 말을 해줄 수 있을지 모르겠어."

"에이 뭐 어때! 어쨌든 너는 현장에서 뛰고 있잖아!"

우리의 대화는 대부분 음악에 대한 것들로 채워졌다. 나는 종종 회사에 소속된 아티스트들의 음악을 틀어주며 이것이 어떻게 들리는지, 곡이 좋은지 나쁜지 물어봤다. 그런데 신기하게도 멜리에는 이 곡이 어떠한 메시지를 가지고 있는지, 그 팀이 어떤 성향의 밴드인지를 정확히 맞췄다. 멜리에가 한국말을 하나도 못 알아듣는다는 걸 생각하면 신비하기까지 했다. 그녀의 곡 해석 능력이 탁월한 것도 맞지만 음악은 만국공통어라는 걸 절감했다.

호스트로서 서울을 제대로 소개해주기도 전에 멜리에는 생각보다 빨리 집을 나갔다. 독일문화원과 가까운 곳에 아주 멋진 방을 구했다며 체크아웃 일정을 앞당긴 것이다. 인생 어떻게 될지 모른다더니 3개월 짜리 예약 문의가 2주일로 줄어들더니 이마저도 1주일로 줄어들었다.

하지만 그 뒤로도 멜리에와 계속 인연을 이어갔다. 내가 준비하는 공연의 티켓이 생기면 멜리에를 초대하기도 했고, 야근이 없는 날에는 같이 밥을 먹기도 했다. 우리가 자주 찾는 곳은 단연 망원동, 그중에서도 단골은 망원시장 초입에 위치한 '맛, 양, 값'이다. 햄버그스테이크와 칼국수, 냉면 등을 파는데 스테이크+냉면 세트가 무려 육천 원. 게다가 양은 웬만한 성인 남자조차 다 먹기 힘들 정도이다. '맛있고 양 많고 값싸게'라는 상호가 부끄럽지 않은 가성비 최강의 이 가게. 언제나 주머니가 가벼운 멜리에에게 이만한 곳은 없다.

웬만한 여자 얼굴만 한 커다란 함박스테이크를 보더니 열심히 한국말로 적는다.

'스테이크 아주 커요. 맛있어 보여요. 재원이는 착해요.'

멜리에는 나와 수다를 떠는 와중에도 모르는 단어가 나오면 항상 들고 다니는 수첩에 그 뜻을 적으면서 독하게 한국어를 공부하더니, 하루가 다르게 문장이 길어지고 쓰는 단어가 고급스러워져 나를 놀라게 했다.

○

하루는 멜리에가 자신이 머무는 숙소에서 파티를 한다며 나를 초대했다. 게스트가 마련한 파티에 초대받은 것은 처음이다. 게스트에게 친구들을 소개하거나 이벤트에 초대하는 건 언제나 내 몫이었는데 말이다.

　그녀가 자리 잡은 곳은 이태원의 한 셰어하우스인데 멜리에를 포함하여 외국인 두 명, 그리고 박사과정을 밟고 있는 한국인 공대생 두 명이 함께 산다고 했다. 연구에 치여 사는 공대생들이 외국인 친구들과 우정을 쌓고 싶어 셰어하우스를 만들었고, 가끔 친구들을 불러 모아 큰 포틀럭 파티(potluck party)를 열곤 한다고.

　몇 번 가본 적이 있는 우사단로지만 홍대만큼이나 길이 복잡한지라 집을 찾는 것은 결코 쉬운 일이 아니었다. 게다가 멜리에 말고는 한 번도 본 적 없는 많은 사람들로 북적북적할 이태원의 파티장을 상상하니 나도 모르게 마음이 쪼그라들었다.

　간신히 찾아간 그들의 셰어하우스 앞. 이 건물 3층이라는데 맞나. 간판이라도 있으면 좋으련만 안에서 희미하게 들리는 음악소리를 제외하고는 아무런 표식이 없어 긴가민가하다.

　그때 한 무리의 외국인들이 와자지껄 떠들며 나왔다. 그리고 내게 쏟아지는 눈빛. '누구…?'라고 말하는 듯하다. 순간 움츠러들어 급히 계단 구석으로 비켜섰다. 이런 눈빛을 받고 나니 더더욱 제 발로 걸어 올라가기가 겁이 났다. 하필 이럴 때 멜리에는 전화도 받지 않는다.

　낯선 환경에서 잔뜩 겁을 집어먹은 내 자신이 보인다.

　동시에, 그간 수없이 내가 오기만 기다리던 게스트들의 얼굴이 스쳐 지나갔다.

　한국에 사는 나도 이렇게 낯선 곳이 두려울 때가 있는데, 그들의 기분은 어떠했을까.

엄마를 잃어버린 아이처럼 하염없이 건물 앞에서 멜리에의 연락을 기다렸다. 한 5분이나 지났을까? 내가 보낸 문자 메시지를 본 멜리에가 창문을 열고 내게 소리친다.

"재원~ 안 들어오고 뭐했어? 이쪽이야. 어서 올라와!"

"아, 응… 그게 여기가 맞나 싶어서."

날 위해 한달음에 계단을 뛰어 내려온 멜리에가 내 손을 잡아끌고 계단을 올라갔다.

이윽고 눈앞에 펼쳐진 놀라운 광경에 난 입을 다물 수가 없었다. 어마어마한 셰어하우스 규모가 놀랍고, 수많은 외국인들이 또 놀랍다. 북적이는 클럽도 아니고 이렇게 한 집에 많은 외국인 친구들이 모여 있는 것을 본 건 처음이다. 어두운 조명 아래에서 저마다 가져온 음식과 술을 나누며 모두가 스스럼없이 섞여 떠들고 있었다. 미국 드라마에서나 보던 그런 파티에 내가 끼게 되다니 신기하기 짝이 없다.

하지만 신기함도 잠시. 아나나 다를까, 이 파티의 몇 안 되는 동양인 남자인 나는 잔뜩 위축되어 어디에도 끼지 못하고 한구석에 어정쩡하게 서서는 사람들 눈치만 보고 있다. 원래 마당발로 유명한 나인데 그런 내 모습은 온데간데없고 소심한 '쭈구리' 하나만 남아 차마 말로도 하지 못하고 텔레파시로 도와달라 외치는  모습이라니. 내가 이렇게 소심한 인간이었던 가.

이런 내 상태를 눈치챘는지 멜리에는 파티에 참석한 친구들을 차례로 소개해주었다. 유럽, 미국, 아프리카 등 국적도 다양하다. 그들과 멜리에에 대해 이야기하며 조금씩 어색함을 떨쳐낼 수 있었다. 낯선 파티 문화란 신선하고 또 약간은 두려운 것이었지만, 시간이 흐르며 내 주변으로도 조금씩 사람들이 모였고 반대로 나도 어색하지 않게 사람들에게 다가갔다. 이국적인 홈메이드 음식을 나눠 먹으며 조금씩 새로운 인연들을 만들어나갔다.

그 가운데서 완벽한 파티 호스트 역할을 하는 멜리에. 누가 그녀를 이제 갓 한국에 온 사람이라고 생각할까 싶다.

그녀의 보이지 않는 배려로 즐거운 시간을 보낸 나는 파티가 절정에 달하기 전에 조용히 파티장을 나왔다.

○

파티가 있고 얼마 지나지 않아 지인을 만나러 다시 우사단로를 찾았는데 그사이 이미 멜리에는 동네에서 유명인사가 되어 있었다. 우사단로에 사는 지인들도 멜리에를 전부 알고 있었고 오히려 내가 그녀를 알고 있다는 사실에 놀라워했다.

"멜리에? 네가 어떻게 멜리에를 알아?"

"우리 집에 잠깐 머물렀거든."

"이태원에 오기 전에 머물렀던 합정동 집이 네 집이었단 말이야? 와 신기하네!"

"내가 더 신기해. 내 게스트가 우사단로의 유명인이라니."

"진짜 밝고 쾌활하고 또 착하잖아! 좋아하지 않을 이유가 없지."

삭막하고 복잡한 서울에서 밝은 미소 하나만으로 모두가 자신을 좋아하게 만드는 재주가 있는 그런 사람이 우리 집을 가장 먼저 찾았다는 사실이 왠지 모르게 뿌듯하다. 또 멜리에의 친구들과, 나의 친구들과, 혹은 그 모두가 함께 어울려 다니며 인맥을 만들고 추억을 쌓은 3개월간의 경험은 정말 즐거웠다.

여느 때와 같이 멜리에와 저녁 약속을 잡으려고 연락을 했는데 항상 밝던 목소리에서 슬픔이 느껴졌다. 인턴십이 끝나면 한국을 떠나 아버지의 고향이기도 한 말레이시아로 갈 예정이라고 했다. 조금만 더 있으라고 하고 싶지만 이 멋진 여행자를 나만 알고 지낼 수는 없다. 아쉽지만 그녀의 다음 여행을 열렬히 응원해야지.

일로든 혹 여행으로든 런던에 오게 되면 꼭 자신에게 연락을 달라고 신신당부하고 멜리에는 떠나갔다.

새로운 여행과 낯선 만남에 용기를 갖도록 가르쳐준 멜리에.

어디서든 그 넘치는 에너지로 많은 사람들을 행복하게 해주길.

7.

맥심&루나,
상수에서 파리 여행을 하다

MAXIM&LUNA

FROM FRANCE

이름

맥심 & 루나

/

국적

프랑스

/

한국 방문 목적

놀러!

/

이 방을 고른 이유

홍대가 궁금해서

/

특이사항

수준급 노래 실력
한 번 흥이 나면 멈출 수가 없음

/

호스트와의 인연

너무 어려서 호스트와 세대차이가 남

대학생 때 갔던 유럽 배낭여행에서 가장 기대했던 도시가 파리였다. 하지만 도착과 동시에 기대는 와장창 깨졌다. 내게 너무나 가혹했던 도시, 파리.

다른 것보다 음식이 정말 비쌌다. 식당다운 식당에 들어갈 엄두는 내지도 못했다. 트럭 푸드로 연명하다 파리까지 와서 이럴 수는 없다 판단하고 있는 돈 탈탈 털어 고급 레스토랑에 들어갔다. 고급스러운 테이블에 앉아 크림 맛의 달팽이 요리를 행복하게 먹었다. 그리고 다시 며칠을 굶어야 했다. 수많은 시가 탄생하고 역사적인 로맨스가 피어났다는 센 강은, 커다란 한강에 익숙한 내 눈엔 그저 실개천처럼 느껴졌다. 게다가 센 강에서 로맨틱한 집시에게 여행자금을 강제로 기부당하고 거의 무일푼이 되어 거리의 시인으로 등단해야 하나 심각하게 고민하는 지경까지 가고 나니 파리라는 곳 자체가 싫어지기 시작했다.

최악의 도시로 내 기억에 남을 뻔했던 파리는, 기대도 하지 않고 갔던 에펠탑 전망대에서 반전을 보여줌으로써 내 감정을 다 풀어줬다. 맑은 하늘 아래 펼쳐진 파리 시내를 하염없이 내려다보니 내가 정말 유럽에 와 있구나 하는 기분이 한껏 느껴졌다. 그리고 눈물 나게 멋있는 샹젤리제 거리. 네모진 간판이 줄줄이 매달려 있는 한국식 번화가

만 보다가 차분한 톤의 건물 외벽에 은은한 간접 조명이 내리쬐는 샹젤리제 거리는 품격과 아름다움, 그리고 우아함 그 자체였다. 그런 샹젤리제를 예쁘게 걷는 커플들. 내 눈에는 하나같이 세기의 연인 같아 보였다.

파리는 내게 양가적인 감정을 불러일으키는 도시이다. 음식은 비싸지만 맛있고, 강은 볼품없지만 거리는 아름답다. 뭐 그래도, 사랑하는 감정이 싫어하는 감정보다 좀 더 크다고나 할까.

○

오호라, 그런데 우리 집에도 드디어 파리에서 온 커플이 온단다. 그냥 파리도 설레는데 젊은 커플이라니. 로맨스의 정석 아닌가?

합정역에 그들을 마중 나간 나는 첫 인사부터 '파리!'를 외치며 그들을 반겼다. 그들은 영어를 잘 못했고, 나는 불어를 전혀 못했다. 하지만 언어는 그렇게 큰 문제가 되지 않았다. 오히려 서로 영어를 잘 못하니 더 편하게 이야기할 수 있었다.

그리고 그들의 눈빛이 말보다 더 많은 걸 이야기해줬다.

한국 사람과 놀고 싶다!

이들을 어떻게 만족시켜야 할까 한참 고민하다가 나만으로는 부족하다는 결론을 내렸다. 나는 이들에게 동네 친구들을 모아서 조촐한 파티를 열어주겠다고 제안했다. 수줍어하는 그들이었지만 역시 낯선 여행지의 설렘을 느끼는 듯했다.

휴대폰을 열어 친구 목록을 살펴보았다. 그리고 곧 내가 섭외할 수 있는 사람 중에 프랑스어를 할 줄 아는 사람은 없다는 결론을 내렸다. 대신 프랑스 문화를 제법 많이 아는 사람 두 명을 섭외했다. 회사 동료인 근이 형과, 합정동 터줏대감과도 같은 카페 '쓰리고'의 사장님. 회사 동료는 피닉스나 카를라 브루니 같은 여러 프랑스 출신 아티스트의 음악을 즐겨 듣는 사람이다. 쓰리고 사장님 역시 연극배우로 활동할 때 프랑스 작품에 다수 출연했었다고 한다. 이 정도면 대화 주제도 풍부하겠다, 화기애애한 자리를 만들 수 있겠거니 생각하고 맥심과 루나를 상수동으로 초대했다.

○

우리는 상수의 상징적인 포장마차이자 홍대 음악의 아지트인 '강포차'에서 만났다. 시킨 음식이 나오기도 전에 나의 전사들은 열심히 파리에서 온 손님들과의 공통주제를 찾아 나섰다.

"에디트 피아프 알지? 왜 그 유명한 노래 〈빠담빠담〉 있잖아."

"나도 〈노트르담 드 파리〉 정말 좋아해. 시나리오가 정말 멋있어. 보자마자 반했다니까."

"하하하!"

"하하하하!"

그런데 잠깐. 한참 떠들다 정신을 차려보니 웃고 있는 것은 우리뿐이다. 역시 젊은 세대들은 어느 나라를 가나 오래된 문화엔 관심이 없는지, 이제 갓 성인인 스물한 살 맥심과 스무 살 루나는 우리가 이야기하는 가수들이나 연극 같은 걸 전혀 알지 못했다. 피닉스가 우리나라로 따지면 토이나 김현철쯤 되는 것인가. 요새 20대들은 유희열 본업이 방송인인 줄 안다던데.

서로를 바라보며 뭐라 뭐라 속닥이는데 대화 내용이 모두 해석 가능하다.

"저 아저씨가 말하는 가수 이름 들어봤어?"

"아니, 전혀…. 어쩌지? 그냥 안다고 할까?"

파리에서 손님들 왔다고 들떠버린 촌놈도 모자라서 이젠 세대차이 나는 아저씨가 되어버렸다. 이 일을 어떻게 한단 말인가. 상수동 거리를 지나가는 행인들마저 우리의 어색함을 눈치챈 듯하다.

작전을 바꿨다. 잘 알지도 못하는 프랑스 문화 이야기는 집어치우자. 한국식 술자리가 뭔지 보여주자. 이 역시 진상 같고 아저씨 같기는 마찬가지지만, 에라 모르겠다. 그냥 우리가 평소에 노는 걸 그대로 보여주는 게 차라리 나을 것 같다.

"한국에 왔으면 이 소주라는 술을 꼭 먹어봐야 돼."

"자, 끊지 말고 한입에 쭉!"

이 분야에 자신 있는 형들이 분위기를 주도했다. 소주병을 들어 회오리를 만든 후 뚜껑을 따고 둘의 술잔에 술을 따라주며 직접 술 마시는 시범까지 보여준다.

아니, 근데 이 독한 걸 한입에 털어 넣으라고? 이건 좀 아닌 것 같다는 생각에 맥심을 말리려고 하는데.

이게 웬걸? 맥심이 소주를 들이켰다. 그리곤 고개를 갸웃하더니 다시 그들끼리 수줍게 프랑스어로 재잘재잘 이야기했다. 맥심과 루나의 표정과 말소리로 미루어보아 아마 이런 내용이었을 거다.

"이거 생각보다 맛있어. 먹어볼래?"

"진짜? 한번 마셔볼까?"

그리고 루나도 잔을 들어 마시기 시작했다. 그러더니 표정이 활짝 피었다.

그래, 이거다!

프랑스에서 온 어린 커플과 함께한 상수동 포장마차는 한국의 신비로운 녹색 병과 함께 순식간에 한국형 술자리로 변해갔다. 우리의 예상이 맞아떨어진 건지 아니면 빗나간 건지 명확하게 판단이 되지는 않지만 맥심과 루나는 신기함 반 즐거움 반으로 이 술자리와 어우러졌다.

어쨌든, 즐겁기만 하면 되는 것 아닌가.

○

무르익는 분위기. 쓰리고 사장님이 실력을 발휘해 오래된 프랑스 노래를 불렀다. 확실히 전직 연극배우라 그런지 나 같은 음치와는 비교가 되지 않는다. 그리고 사장님을 시작으로 젓가락 장단을 맞추며 각자 좋아하는 노래를 부르기 시작했다. 맥심도 신나서 무슨 프랑스 인디밴드의 노래를 큰 목소리로 불러젖혔다.

나까지 작은 목소리로 쭈뼛거리며 노래를 부르고 나니 루나의 차례. 아, 지금 생각해보면 남자 넷 앞에서 노래 부르기 민망했을 텐데. 하지만 그때는 다들 거나하게 취해 있었기에 거기까진 아무도 생각하지 못했다.

"루나, 한국에서는 남의 노래를 들으면 답가를 꼭 해야 해. 그러니까 프랑스 샹송 하나만 불러주라. 응? 루나 부탁이야~!"

형들은 특유의 넉살로 프랑스에서 갓 넘어온 아가씨에게 샹송을 불러달라고 부탁했다. 근데 생각해보니 한국인 여행자에게 아리랑을 시키는 것과 무엇이 다르단 말인가. 술을 먹긴 했지만 그나마 정신을 붙잡고 있었던 나는 실례되는 행동이라 생각해 급히 형들을 말리려고 했다.

"흠… 슈메슈 비라디."

응? 루나가 전혀 빼지 않고 형들의 부탁이 끝나자마자 노래를 흥얼거리기 시작한다. 노래의 시작은 기억이 잘 안 나는 듯 작은 목소리로 불렀지만 이내 아름다운 목소리와 몸동작이 자연스레 흘러나왔다. 센 강과 샹젤리제에서 울려 퍼지던 샹송을 한국의 상수동, 그것도 포차에서 라이브로 접하다니. 너무나도 신비롭고 매혹적이어서 눈을 뗄 수가 없었다.

이게 바로 샹송이다!

우리는 그녀의 청초한 목소리를 조금이라도 잘 듣기 위해 말 그대로 일시 정지했다.

그 내용은 전혀 알 수가 없었지만 많은 한과 흐느낌 뒤에 남은 감정을 조용히 읊조리는 듯한 느낌이었다. 노래는 시작과 마찬가지로 자연스럽게 끝이 났다. 잠시 정적이 흘렀다. 귀에서 샹송의 여운이 가실 때쯤 우리는 누가 먼저랄 것도 없이 그녀에게 뜨거운 박수를 보냈다. 기꺼이 노래를 불러준 루나가 무척이나 고맙다.

여행자는 저토록 한없이 너그러운가 보다.
그게 우리 모두가 여행을 가야 하는 이유이기도 하고.

○

음악의 힘은 대단했다. 노래를 서로 나눈 뒤 우리는 더욱 가까워졌다. 동네에서 시작한 술자리는 모름지기 끝까지 동네로 가야 한다. 나는 한 번도 가본 적 없는 동네 호프집으로 그들을 안내했다. 평범한 간판과 인테리어. 커다란 냉장고에 가격별로 진열된 맥주를 직접 꺼내 먹는 곳이다. 아마도 주변 직장인들이 자주 찾는 곳일 게다. 우리 집에 찾아온 게스트들과는 소위 '멋집'에 가서 있는 척하고 싶은 마음은 눈곱만큼도 없다.

프랑스 친구들도 한 번 흥이 나니까 보통이 아니다. 도리어 우리를 이끌고 그 평범한 동네 술집에서 미친 듯이 춤을 췄다. 이러한 광경을 난생처음 보는 가게 사장님 역시 흥이 나서 외국인이 좋아할 만한 한류가수들의 노래를 연달아 틀어주었다.

음악과 술에 취한 우리는 "오~ 샹젤리제~"를 부르며 상수동 합정동을 쏘다니며 이곳이 합정동인지 파리 뒷골목인지 알 수 없는 무아지경을 경험했다.

우리의 밤은 달고 길었다. 그날 밤의 아름다운 달빛은 전부 우리의 것이었다.

○

그들은 단 사흘만 묵고 이태원의 다른 숙소로 옮겨갔다. 애초에 여러 군데에 다양하게 머물기 위해 여기 왔다고 한다. 아쉽지만 다음을 기약하며 헤어졌다.

하지만 아직도 그날 밤 루나가 불러주었던 샹송과 맥심이 불러준 노래를 떠올리면 기분 좋은 설렘이 가슴에 차오른다.

파리에서도 만나지 못했던 '진짜 파리 감성'을 느끼게 해준 그들에
게 너무도 감사하다.

이것이 바로 '홍대에서 세계여행'이리라.

8.

메이&글렌든,
가식을 벗겨준
클럽의 지배자

MAY&GLENDON

FROM SINGAPORE

이름

메이&글렌든

/

국적

싱가포르

/

한국 방문 목적

'씬나게' 놀기 위해

/

이 방을 고른 이유

경비 절감

/

특이사항

서로 사랑하는 사이가 아님
클럽 플로어를 압도하는 포스

/

호스트와의 인연

시간의 王이 누군지 알려줌

그들과의 대화는 언제나 내 인내심을 금방 바닥나게 만들었다.

"이제 좀 그만해, 메이! 재미없다고!"

"에이, 나는 재미있는데? 너 정말 소심하구나?"

"메이 말이 맞아. 좀 놀림당한 것 가지고 화를 내다니 그건 진짜 우스운 일이라고!"

"아니라니까! 나한테 왜 그러니? 아 좀!"

메이와 글렌든은 장난기가 너무 심하다. 그 앞에서 함부로 무슨 말을 꺼내기가 무서울 정도였다. 말 한 마디 삐끗하면 금세 그들에게 꼬투리가 잡혀 놀림감이 되기 일쑤니까.

○

가만히 있어도 땀이 뻘뻘 나는 어느 여름날, 어마어마한 크기의 배낭을 짊어지고 메이와 글렌든이 내게 왔다. 덥지 않냐 묻자 싱가포르의 날씨에 비하면 별거 아니라며 싱글벙글 웃는다.

그래도 여자가 이 더운 날씨에 저렇게 큰 가방을 메고 공항에서 여기까지 오는 건 꽤 힘들었을 거다. 오랜만에 기사도 정신을 발휘해 메이에게 가방을 들어주겠다고 제안한다.

그런데 그녀는 나를 한 번 쓱 훑더니,

"아, 괜찮아. 내가 너보다 건강할 것 같은데?"

라면서 내 앞을 지나쳐 걸어간다.

글렌든은 깔깔 웃으며 멍하게 서 있는 내 어깨를 툭 쳤다.

"메이가 우리 중에 제일 힘이 셀 거야. 어서 가자!"

그들의 친화력은 정말이지 대단했다. 관광에 쇼핑에 놀러 다니기도 바쁜 와중에, 퇴근이 늦은 나를 보겠다고 내가 일하는 회사 근처에 위치한 카페 '쓰리고'에 들러 나와 같이 커피나 더치맥주를 마셔주곤 했다. 그들이 보고 싶어 내가 초대하기도 하고, 그들이 서프라이즈로 방문하기도 하고. 일하는 도중에 가지는 그들과의 티타임은 힘든 업무를 달래주는 한 줄기 휴식과도 같았다. 덕분에 우리는 금방 친해질 수 있었다.

하지만 곤란한 상황도 있다. 업무 특성상 뮤지션들의 아지트와도 같은 쓰리고에서 종종 업무차 미팅도 하는데 글렌든과 메이는 그 옆에서 나를 기다려줬다. 그런데 절대 '그냥' 기다려주지 않는 게 문제였다. 내 손님이 화장실에라도 가면 그 틈을 이용해 여지없이 메이의 입담 공격이 날아든다. 주로 내가 보여주는 진지하거나 예의 바른 모습이 그 타깃인데 느끼하다, 가식적이다, 웃기다 등등 온갖 공격을 유창한 영어로 날려댔다.

"재원, 너 정말… 똑똑하게 보이려고 하니까 엄청 어색해! 그리고 심각한 표정 짓지 마! 정말 웃겨!"

당해보지 않은 사람은 모른다. 그녀의 입담이 얼마나 대단한지. 나는 언제나 속수무책으로 당할 수밖에 없었고 그 옆에서 글렌든은 자지러졌다. 회사 동료들은 그런 내 모습을 신기해했다.

"재원 씨, 회사에서는 그렇게 어려운 사람인 척하더니 밖에서는 이렇게 만만히 당하는 캐릭터였어요?"

"아, 그게 아니라 저희 집에 머무는 게스트들이에요. 에어비앤비 평점 관리 때문에 다 받아주고 있는 거예요. 하하하."

처음에는 쌍심지를 켜고 달려들어봤는데 하나도 먹히지 않았고 그 다음에는 불쌍한 척도 해봤지만 이 역시 먹히지 않았다.

"내 이미지도 좀 지켜줘. 내가 무슨 죄를 지었다고 너희들에게 매일 이렇게 놀림을 당하고, 해명해야 하는 건지…."

내가 이런 푸념을 하고 힘이 빠져 어깨가 축 처져 있으면 메이는 모르는 척 새침하게 고개를 돌린다. 글렌든은 이 모든 상황이 재미있어 죽겠나 보다.

그렇게 우리는 방을 내주고 돈을 지불하는 딱딱한 호스트와 게스트라기보다는, 만나기만 하면 투닥거리는 초등학교 동창과도 같은 사이가 되어 있었다.

○

드디어 일이 일찍 끝난 날. 이 친구들과 제대로 저녁 약속을 잡았다. 늦은 퇴근을 하고 급하게 한 잔 기울이는 건 이제 그만. 밥다운 밥을 제대로 먹여주겠어!

내 삼겹살 단골집이자 합정동 회식의 메카인 '마포종점'으로 그들을 안내했다. 합정역 8번 출구 쪽으로 조금 내려가다 보면 LIG 건물을 끼고 망원동 쪽으로 뻗은 짧은 골목길에 고깃집들이 즐비한데 이를 'LIG 삼겹살골목'이라고들 부른다. 그 끝에 자리한 마포종점은 합정동에서 찾기 힘든 아주 푸근한 분위기의 식당으로, 여름이면 넓은 테라스 자리가 흰색 셔츠의 직장인들로 꽉꽉 찬다. 특히 비가 오는 날이면 강변북로를 시원하게 달리는 자동차 소리가 빗소리와 만나 마치 바닷가에서 파도 소리를 들으며 밥을 먹는 듯한 기분을 선사한다. 물론 맛은 기본.

삼겹살이 익자 분위기도 순식간에 익어갔다. 내가 전파한 한국의 쌈 문화에 심취한 글렌든과 메이는 무서운 속도로 상추와 목살을 흡입한다. 수차례 소주병과 소주잔이 오가며 속 깊은 이야기를 나누기 시작했다.

참 신기한 것이 어떤 나라 사람을 만나더라도 소주를 마시게 되면 대화의 주제는 비슷해진다. 사는 이야기, 각자의 고민, 집 이야기 등등. 조금은 진지해진 메이의 분위기를 보면서 슬슬 술자리를 끝내려

했다. 사실 다음 날 출근도 해야 하고 피곤하기도 해서 일찍 쉬고 싶은 마음도 있었고.

그런데 이들의 표정은 이때부터 달라진다. 무슨 말도 안 되는 상황이냐며 나를 막아서는 것이다.

"이제 저녁 먹고 에너지를 비축했는데! 지금 돌아간다는 게 말이 돼?"

"아니, 저녁을 먹었으니 집에 들어가야지."

내 대답에 글렌든은 못 들을 말을 듣기라도 한 듯 희한한 표정을 지었다.

"무슨 소리야, 저녁을 먹었으니 집에 간다니?"

"… 그럼 어딜 가게?"

메이는 근엄한 표정으로 우리의 행선지를 알렸다.

"클럽 엔비에 갈 거야. 너도 같이 갈 거고."

처음에는 그냥 예의상 하는 말이겠지 하면서 농담으로 넘겼지만, 이들은 진심이었다. 돌아서려는 나를 끝까지 물고 늘어진다.

"엔비! 엔비!"

"저기, 나는 30대야. 엔비에 갈 나이가 아니야. 누가 보면 부끄럽다고."

이렇게 실랑이를 벌이는 와중 글렌든이 갑자기 시야에서 사라졌다. 아, 이제 자기들끼리 가려나 보다 생각하는 찰나 정신을 차리고 보니 택시 안이었다.

상황인즉슨 내가 잠깐 빈틈을 보인 사이 글렌든이 뒤에서 택시를 잡았고, 신체조건이 월등한 두 사람이 나를 순식간에 택시 안으로 구겨넣었던 것이다. 나로서는 그 압도적인 힘과 스피드를 당해낼 수가 없었다.

어안이 벙벙해져 정신을 차리기도 전에 택시는 순식간에 엔비 앞에 도착했다. 자기들이 가자고 했으니 티켓도 사겠다며 말릴 틈도 없이 저 앞에 가서 내 몫의 티켓까지 사 오는 글렌든이다. 두 손 두 발 다 들었다. 가서 분위기만 맞추다가 나와야겠다고 생각하고 안으로 들어갔다.

대체 몇 년 만에 엔비에 온 것인지 기억도 나지 않는다. 힙합 클럽이라 그런지 연령대가 유난히 낮은 느낌이다. 아니면 내가 나이가 너무 든 건가? '이게 웬 아저씨야'라고들 생각하지 않을까? 하지만 이런 내 생각과는 상관없이 글렌든과 메이는 플로어를 지배한 지 오래. 적당히 폼 잡고 술을 홀짝거리는 한국 클러버들 사이에서 이들의 과감한 원샷과 큰 춤사위는 단연 독보적이다.

나도 저렇게 놀고 싶지만 차마 용기가 나지 않았다. 그나마 나이가 있어 보이는 사람들 옆에 소심하게 서서 몸을 흔드는 척만 했다. 이런 나를 발견한 메이가 내 손목을 잡고 플로어로 끌고 갔다.

"메이, 잠깐만!"

"같이 추자!"

"하지만 나는 나이도 있고, 창피하고… 그렇단 말이야!"

메이와 글렌든은 겨우 그런 이유였냐는 표정으로 나를 쳐다보았다. 그리고 내게 이렇게 외쳤다.

"술과 춤, 이것이 클럽의 전부야. 그게 다야!"

"그냥 즐겨. 그럼 너는 이 시간을 즐기는 왕이 되는 거야."

이렇게 외치며 그들은 미친 듯이 춤을 춘다. 아이스링크 위의 김연아 혹은 다시 무대로 돌아온 마이클 잭슨 같다.

어느 순간 그들의 넘치는 에너지에 감화되어 나 역시 완전히 음악에 몸을 맡긴 채 정신을 내려놓고 놀고 있다. 남의 시선 같은 건 신경도 쓰이지 않는다. 이렇게 사람이 많은 곳에서 동네 노래방처럼 놀아본 것이 얼마 만인가.

그래. 30대라고 엔비에 오지 못할 이유가 무엇이냐!
이렇게 재미있는 것을 그동안 완전히 잊고 살았구나.

하지만 허리가 너무 아파 견딜 수 없던 새벽 2시 반, 한국의 직장인은 지치지 않는 싱가포르산 에너자이저 둘을 클럽에 남겨둔 채 떠나야만 했다. 그들 역시 아쉬워했지만 이번에는 잡지 않았다.

"재원, 오늘 정말 멋있었어."

우리는 승리를 만끽하는 스포츠 팀처럼 성취감과 카타르시스에 도취되어 그 누구의 시선도 신경 쓰지 않은 채 평소보다 훨씬 커진 큰 눈과 큰 입으로 열심히도 셀카를 찍었다. 사진 속 내 모습은 평소에 절대 볼 수 없는 천진난만한 표정이다. 간만에 느낀 자유가 사진에 그대로 나와 있다. 매일 지나치는 홍대 엔비에서 나를 발견하는 멋진 도시 여행을 했으니까.

○

글렌든과 메이와 나는 메세나폴리스 야외 공연장에 나란히 누워 있었다. 메세나폴리스는 대표적인 몰링(malling) 공간으로 쇼핑과 함께 다양한 문화체험을 할 수 있어서 많은 커플과 가족들이 몰린다. 하지만 나는 메세나폴리스의 멋진 야외 공연장을 캔맥주 하나와 함께 쉽게 전세 내기 위해 이곳을 찾는다. 야외 공연장은 낮에는 주로 주변 직장인들의 쉼터로 활용되고 주말에는 벼룩시장이나 공연을 위해 사용된다. 이 로맨틱한 공간이 대부분 주민들에게 무료로 개방된다. 텅 빈 무대와 프로시움 형태의 객석 구조가 마치 학창시절 노천극장에서 동아리 친구들과 웃으며 놀던 그때를 떠올리게 하는 로맨틱한 곳이다.

이곳저곳에 우리와 같은 젊은 무리들이 저마다 자리를 잡고 이야기꽃을 피우고 있었다. 하지만 그들과 우리의 분위기는 사뭇 달랐다. 내가 전에 없이 진지한 고민을 펼쳐놓았기 때문이다.

"재원 너 그러면 안 돼. 정말 정신 안 차릴래? 정착하기 싫어?"

"글렌든, 나도 알아. 이러면 안 된다는 거. 하지만 그게 내 마음대로 잘 안 돼. 그 사람은 내가 어떻게 할 수 있는 그런 것을 넘어선단 말이야. 그래서 너무 힘들고 복잡한 거야."

"오… 재원. 그게 정말이라면 너한테 좀 실망이다."

내가 그날 꺼내놓은 고민은 내 치부이자, 동서고금을 막론하고 지탄받을 만한 것이었다. 내 눈에 당시 만나고 있던 사람 말고 다른 사람이 자꾸 들어왔기 때문이다. 남자라면 누구나 탐낼 만한 아름다운 사람이었고 그녀는 나를 대놓고 유혹하고 있었다. 아닌 척했지만 난 그녀를 뿌리치기가 너무 힘들다는 고백을 그들에게 하고 있었다.

처음에는 내가 그 사람과 데이트를 한 것도 아니고 그냥 호감을 느끼고 있다는데 이렇게까지 열정적으로 말릴 필요가 있나 싶었다. 하지만 글렌든은 그것이 왜 안 되는 일인지 열심히 나를 설득했다.

"너는 안정적인 가정을 꾸리고, 아기를 낳고 함께 살아가고자 하는 마음이 없니? 그게 아니라면 이건 말도 안 되는 생각이야. 어떤 선택을 하건 너는 단 하나만 선택할 수 있어."

메이는 그 옆에서 말이 없었다.

그런데 점점, 그들의 마음이 고마워졌다. 나를 진심으로 걱정하는 것이 느껴졌기 때문이다. 싱가포르에서 온 외국 친구들이 나의 오랜 친구들도 하기 어려운 직설적인 조언을 이리도 열정적으로 하고 있었다. 아무런 대가 없이, 오롯이 나를 위해서 말이다.

우리는 한참을 말없이 있었다. 그리고 누군가 콜드플레이(Coldplay)의 음악을 틀었다. 그들의 뜨거운 조언이 〈Fix You〉의 노랫말에 섞여 가슴에 스며들어왔다.

And the tears come streaming down your face
(눈물이 당신의 얼굴을 타고 흘러내리고)
When you lose something you can't replace
(그 무엇도 대신할 수 없는 것을 잃어버렸을 때)
When you love someone, but it goes to waste
(누군가를 사랑했지만 모두 물거품이 되었을 때)
Could it be worse?
(이보다 더 나빠질 수 있을까?)

노래가 끝나자 우리의 딱딱했던 얼굴에는 미소가 돌아왔고, 누가 먼저라 할 것 없이 바닥에 누워 하늘을 바라보았다. 높은 빌딩숲 사이로 딱 공연장만큼의 하늘이 뚫려 있었다.

"재원, 오늘 하늘 참 아름답다."

"그러게. 오늘 하늘 참 묘하게 아름답다."

난 그날의 하늘을 잊지 못한다.

우리는 어쩌면 이미 답이 정해져 있는 많은 질문과 의문 사이에서 그 해답을 찾기보다 그 의문을 진심으로 함께 나눌 친구들이 필요한 것일지도 모르겠다.

○

　마지막 날 밤에 알게 된 사실이지만 글렌든과 메이는 연인이 아닌 친구 사이란다. 함께 여행을 다니며 한 방을 쓰지만 단지 경비 절감을 위해서이지 결코 연인이라서 그런 것은 아니란다. 자신들이 연인이 된다는 것은 서로 상상도 할 수 없는 일이라며 킥킥거린다. 참 여러모로 신기한 친구들이다.

　왁자지껄한 여름을 선물해준 글렌든과 메이는 왔을 때와 마찬가지로 함박웃음을 지으며 사람만 한 배낭을 메고 싱가포르로 돌아갔다.

　가식이나 허례허식 같은 걸 불필요하고 우스꽝스러운 것으로 여겼던 메이와 글렌든과의 1주일 덕분이었을까. 평소에 당연하다고 여겨졌던 것들이 한 꺼풀 정도는 벗겨진 것 같다. 지금은 또다시 남들의 눈치를 조금 보게 되었지만, 그래도 체면치레에 지나치게 신경 쓰던 예전으로는 결코 돌아갈 수 없을 것 같다.

　자신의 기준에 맞게 당당하게.

　이것이 내 게스트들이 주고 간 가장 큰 선물이다.

9.

재클린,
여행지에서
운명적인 만남을 경험하다

JACQUELINE

FROM U.S.A.

이름

재클린

/

국적

미국

/

한국 방문 목적

사업 시장조사(?)

/

이 방을 고른 이유

so cool해서

/

특이사항

팔을 잘 돌림
핼러윈파티의 여신
한국에 깔린 수많은 인맥

/

호스트와의 인연

호스트가 최고의 친구를 소개해줌

"방이 조금 작지? 괜찮겠어?"

"푸~ 에이. 완전 괜찮은데? 너무 마음에 들어!!"

긴 팔을 휙휙 내저으며 입술을 쭉 빼고 푸 하고 소리를 낸다. 익살
스럽게 눈을 접으며 정말 괜찮으니 걱·정·을 하지 말란다. 분명 볼
품없는 방인데 이렇게나 과장해서 좋아하는 모습에 웃음이 났다. 재키
(재클린의 애칭이다)에게는 약간 과장된 표현으로 상대를 안심시키는, 미
국 시트콤에서 자주 보았던 코믹 캐릭터 특유의 유머러스함이 있다.
정말 전형적인 미국 사람이라고나 할까.

연신 'Oh, it's so cool~'을 연발하는 이 귀여운 아가씨는 첫날부터
한국인 친구들을 잔뜩 끌고 집을 찾아와 나를 깜짝 놀라게 했다. 고향
인 샌디에이고에서 한국인 유학생들에게 영어 과외를 많이 해줘서 한
국인 친구들이 많다고. 그녀는 친구들과 신나게 놀다가 새벽이 다 되
어서야 들어오곤 했는데, 걱정이 된 내가 아침에 문을 두드리며 안부
를 물으면 화장을 지워서 지금 문 밖으로는 절대 나가지 못하지만 자
신은 아주 잘 있으니 걱정하지 말라며 입으로 바람 부는 소리를 냈다.
보지는 못하지만 아마도 팔을 휙휙 내젓고 있으리라. 그 광경이 눈앞
에 그대로 그려졌다.

벌써 이번이 두 번째 한국 방문이라는 재키는 알아서 즐거운 시간을 보냈다. 물론 바람직한 일이었지만 내 역할이 없어서 내심 아쉽기도 했다.

○

재키가 온 지 나흘째 되는 날은 미국인들이 환장하고 좋아하는 핼러윈데이였다. 재키는 당연히 광란의 파티를 벌이고 있을 터. 반면 나는 애초에 핼러윈데이에 큰 흥미도 없고 피곤하기도 한 터라 빨리 쉬려고 집으로 곧장 들어갔다. 그런데 집에서 재키의 인기척이 느껴졌다. 외출 준비를 하는 것도 아닌 눈치.

다른 날도 아니고 핼러윈데이에 왜 집에 있는 거지?

"재키, 어디 아파? 왜 오늘 같은 날 집에 있는 거야?"

"아, 한국에선 핼러윈데이를 지내지 않잖아. 그래서 오늘은 그냥 쉬려고."

"응? 아냐. 이태원 같은 데 가면 파티가 많을 텐⋯."

여기까지 말이 튀어나오다 나도 모르게 입을 닫아버렸다. 자극적인 의상을 입고 평소보다 더 아찔하게 즐기는 클러빙 정도로 변질된 핼러윈 파티 같은 걸 재키에게 보여주고 싶지 않다는 생각이 들었기 때문이다.

하지만 한국에도 핼러윈데이 파티가 있다는 것을 알고 이미 초롱초롱해진 재키의 눈. 말을 꺼냈으니 책임을 져야 한다. 머리를 마구 굴리다가, 문득 떠올랐다.

'그' 핼러윈 파티가.

"그럼 우리 핼러윈데이를 즐기러 가자. 네가 좋아해줬으면 좋겠어! 그런데 지금 바로 괜찮겠어?"

드디어 재키에게 무언가 재미있는 경험을 선물할 수 있다는 사실에 살짝 흥분되었다. 게다가 이어지는 재키의 대답은 너무도 사랑스러웠다.

"오~ 재원! 한국에도 핼러윈데이가 있다니 너무 좋아! 그런데 20분만 기다려줄래? '드레스업'을 좀 해야 하거든."

메이크업을 하는 동안에도 방문 너머 재키의 질문은 계속되었다.

"정말이야? 정말로 한국에도 핼러윈데이가 있어?"

"정말이야. 속고만 살았어?"

"아니. 지금 너무 흥분돼서 말이야. 이번 핼러윈데이는 이렇게 방에만 있어야 되는 줄 알고 살짝 우울했거든. 그런데 파티에 간다니까 기분이 너무 좋아!"

"그런데 재키, 이게 화려하거나 번쩍번쩍한 핼러윈데이 파티는 아니야. 대신 더 좋은 거야. 마을 사람들이 모여서 준비한 제대로 된 마을 파티거든."

"뭐든 좋아. 이제 준비 다 됐어. 나가자!"

아니 근데, 재키의 한국인 친구들은 뭐한 거지? 왜 아무도 재키에게 핼러윈데이에 대해 이야기해주지 않은 걸까? 당연히 재키가 알고 있을 거라고 생각했나? 핼러윈데이를 즐기지 않는 사람들인 걸까? 아니면 내가 그랬던 것처럼 한국식 핼러윈데이를 가르쳐주기 싫었나?

수많은 의문을 뒤로하고 재키와 나는 파티장으로 향했다.

○

파티가 열리는 곳은 다름 아닌 글렌든과 메이와의 추억이 진하게 배어 있는 '쓰리고'이다. 낮에는 카페, 저녁에는 공연장으로 바뀌는 이 카페에서는 이따금 마을 주민들이 모여 귀여운 파티를 열기도 한다. 나 또한 단골이자 마을 주민 중 하나로 이곳에서 열리는 각종 행사에 참여하기도 한다.

가게 안은 이미 분위기가 올라 시끌벅적하다. 서로 얼굴을 아는 마을 주민들이 모였고 또 다들 새로운 사람들에게 친절하기 짝이 없으니 분위기가 좋지 않을 수가 없다. 재키를 소개하자마자 여기저기에서 친구들의 인사가 들려왔다. 낯선 사람으로 갔지만 전혀 낯설게 대하지 않는 사람들 덕분에, 불과 30분 전까지만 해도 우울했던 재키의 얼굴이 활짝 폈다. 게다가 나는 들어가자마자 옷차림이 이게 뭐냐며 아는 형에게 끌려가서는 부담스러운 중세시대 하인 같은 옷으로 갈아입어야 했는데 그 모습을 보고 재키는 폭소를 터뜨렸다.

"재원~ 평소에 입는 옷보다 훨씬 더 잘 어울려! 앞으로도 쭉 그렇게 입는 게 어때?"

"놀리지 마, 재키!"

여기저기 신기한 의상을 입고 기가 막힌 분장을 한 사람들. '청놀연(청년놀이 연구소)'의 도움으로 파티 전 실감나는 분장을 했다고 한다. 재키는 이들이 연예인이라도 되는 듯이 연신 카메라 셔터를 누르며 특유의 과장된 악센트로 '어썸'을 연발한다. 미국의 핼러윈 파티와 너무나 비슷하다며 좋아하는 그 모습에 과연 내가 성공했구나 싶다. 내심 본토의 핼러윈 파티와 비교되면 어쩌나 싶었는데.

"오, 쏘~ 쿨!"

이날의 파티에서 재키는 유일한 외국인 참가자였다. 덕분에 파티장에 들어서자마자 주변의 많은 이목을 끌었다. 자연스레 먼저 말을 걸며 다가오는 사람들도 많았다. 처음에는 이상한 사람이 접근할까 봐 걱정도 되었지만 또 새로운 친구를 자연스럽게 만나는 것도 좋은 경험일 것이라 생각해서 그녀를 자유롭게 내버려두었다.

역시나. 얼마 뒤 돌아보니 재키는 사람들 속에서 너무 잘 놀고 있다. 처음엔 친구 두어 명만을 소개해주었는데 조금 시간이 흐르자 재키를 중심으로 한 무리가 형성되었다. 재키는 특유의 과장된 웃음과 팔동작으로 사람들을 재미있게 해주고 있었다.

그때 휴대폰이 울린다. 회사의 호출 메시지이다. 읽어보니 내가 꼭 가야만 하는 일이다. 저기서 저렇게도 즐거워하는 재키가 마음에 걸린다. 재키에게 다가가 조심스럽게 물어보았다.

"재키, 난 회사 사람들이 불러서 이제 가봐야 할 것 같아. 너는 어떻게 할래?"

"당연히 난 여기 있을 거야. 여기 있는 사람들 모두 마음에 들어. 파티를 곧 마무리하고 다 같이 거리를 돌며 카니발을 한대! 함께하고 싶어!"

"혼자 집에 갈 수 있겠어?"

재키는 뭘 그런 걸 묻느냐는 표정으로 나를 올려다본다.

"오~ 재원. 너 나를 어떻게 보는 거니? 걱정하지 마!"

그러더니 눈을 접어 미소를 짓는다.

"나 지금 너무 행복해. 날 이곳에 데려와줘서 정말 고마워. 어서 가봐!"

재키는 새벽이 깊어서야 들어왔다. 그리고 나중에 안 사실이지만 그날 밤 인생을 함께할 친구를 만났다고 한다. 재키가 보여준 사진을 보니 초반에 내가 재키에게서 떨어지자 조심스럽게 다가와 재키에게 말을 걸던 체구가 작은 여성인 것 같다. 내심 파티에 혼자 남겨두어도 될까 영 불안했는데, 오히려 그것이 재키에게는 좋은 인연을 만들어준 것이다.

재키는 핼러윈데이 이후에도 그녀를 자주 만나 서울을 여행하곤 했다. 미국으로 떠나기 전 그 친구와 헤어져야 한다는 사실에 슬퍼서 눈물을 보이기까지 했다. 사람의 인연이란 참 알 수 없는 것 같다.

재키 이후로는 게스트와 내가 함께할 때 그의 모든 걸 다 챙겨줘야 한다는 생각은 접었다. 용감하게 '외국'까지 온 김에 누구의 간섭이나 도움도 받지 않고 현지의 삶에 푹 빠질 수 있는 경험을 하는 것도 좋을 것이다.

○

나는 게스트와의 마지막 날에 게스트와 함께 '학쌀롱'을 찾는 것을 좋아한다. 학쌀롱의 큰 창으로 합정동이며 망원동의 골목길들이 다 내려다보이는데 이 동네에서 쌓은 추억을 돌아보기에 딱 좋기 때문이다. 재키와도 어김없이 학쌀롱을 찾았고 그곳에서 우리는 꽤 오랜 시간 이야기를 나누었다.

재키의 꿈은 한국에 영어를 좀 더 재미있게 배울 수 있는 교육시설을 만드는 것이라고 한다. 한국 유학생들에게 영어를 가르치면서, 한국 사람들이 그동안 너무 어렵고 딱딱하게 영어를 공부해왔다는 걸 느꼈다고 한다. 영어라는 언어는 유쾌하고 개방적인 특성을 가지고 있는데 말이다. 그래서 자신의 전공인 영어교육을 살려 한국에 즐거운 영어를 알려주고 싶다고 한다. 한국인들은 매우 즐겁고 낙천적이니까 자신의 방식대로 영어를 공부하면 영어를 더욱 잘 알게 될 것 같다는, 그야말로 멋진 꿈을 내게 이야기해주었다.

게스트와 대화를 나눌 때 가장 큰 장점은 과거형이 없다는 것이다. 그 이유는 간단하다. 공유할 과거가 없기 때문이다. 사실 과거형이 없는 대화법은 에어비앤비의 호스트를 하면서 내게 가장 크고 긍정적인 내적 변화를 가져왔다. 만약 동료나 가족, 친구들과 살았으면 안 좋았던 과거와 힘들었던 하루를 곱씹으며 한탄하거나 투정 부리는 일이 많았을 것이다. 그런데 게스트들과는 그런 대화 대신 앞으로 하고 싶은 일이라든지 만나고 싶은 사람들 등 미래와 꿈에 대해 이야기한다. 그러니 대화가 긍정적일 수밖에 없다.

가까운 친구와 나누기 힘든 이런 대화를 나누면, 우리는 서로에게 먼 나라에서 온 이방인이나 여행지에서 잠깐 만난 숙박업소 주인이 아니라 서로 매우 특별하고 소중한 사람이 된다.

재키는 이야기를 하면서도 종종 울컥하며 눈물을 보였다. 나 역시 이 순간이 너무나 아름답고 행복하면서도 내일이면 재키를 떠나보낸다는 아쉬움에 계속 코끝이 찡하게 울려왔다. 학쌀롱의 부드러운 조명과 음악, 그리고 무덤덤해 보이는 사장님의 미소가 더해져 우리만의 분위기를 만들었다.

재키가 돈을 벌려고 시작한 아르바이트가 꿈이 된 것처럼, 나 역시 돈이 필요해서 시작한 에어비앤비가 내 인생에서 점점 큰 의미를 차지

해가고 있음을 느낀다. 사람들이 더 많이 더 자주 여행을 할 수 있도록 돕는 그런 방을 만들고 싶다.

그리고 내 방이 더 나아지면 다시금 재키가 와서 팔을 붕붕 돌리며 '쏘 ~쿨'하다고 외칠 수 있는 날이 다시 올 수 있기를.

10.

최기철,
문득 나를 찾아온
나와 가장 가까운 여행자

KICHEOL CHOEI

FROM KOREA

이름

최기철

/

국적

한국

/

서울 방문 목적

아마도 누군가의 결혼식 참석

/

이 방을 고른 이유

여기에 머물고 싶어서

/

특이사항

많이 지쳐 있는 모습
과묵하고 감정표현이 적음

/

호스트와의 인연

절대 떨어질 수 없는 인연

어느 날 합정동에 아버지가 오셨다.

○

퇴근 20분 전, 오늘은 일찍 들어가서 맥주나 마시다가 자야겠다고 생각하던 중 걸려온 아버지의 전화.

지금 합정역이란다. 오늘 네 집에서 하룻밤 잘 수 있냐 하신다.

순간 무슨 이야기를 하시는 건지 이해가 되지 않아 "어디시라고요?" 하고 되묻기를 반복하다, 아버지가 몇 번 출구로 나가야 할지 모르겠다고 하자 그제야 정신이 들었다.

5번 출구로 나오시라 알려드린 뒤, 조금 일찍 퇴근하겠다고 옆자리 동료에게 이야기하고 가방을 챙겨 허둥지둥 사무실을 나갔다. 역쪽으로 조금 걸으니 과연 합정역 카페거리 저 끝에서 걸어오는 아버지가 보였다.

마른 얼굴, 지친 표정, 여행가방도 없이 달랑달랑 손가방.

나는 아직도 왜 이날 아버지가 서울에 올라오셨는지 모른다. 아마도 누군가의 결혼식이 있었겠거니 생각해보지만 지금이라도 물어볼 용기가 나지 않는다. 우리 부자는 문자나 메신저로 시시콜콜한 이야기를 하는 사이가 아니다.

집에 변변한 먹을거리가 없으니 저녁이나 먹고 들어가자고 말씀드렸다. 그리고 이때부터 대책이 서질 않았다. 수없이 많은 친구들과 외국인 게스트들에게 이 동네를 여행시켜줬건만 막상 아버지와 함께할 공간을 찾으려고 하니 머릿속이 텅 빈 것처럼 아무것도 생각나지 않았다. 게다가 오랜만에 만난 아버지와는 똑바로 눈을 마주치는 것조차 어색했다. 태어나서 처음 보는 외국인 게스트들보다, 피를 나눈 아버지가 더 어렵고 어색하다니. 이게 무슨 꼴인지 모르겠다.

재즈를 좋아하는 아버지를 위해 합정동에서는 좀 중후한 가게에 속하는 학쌀롱으로 안내했다. 아버지에게 익숙한 7, 80년대 재즈와 록 음악이 종종 흘러나오는 가게로, 평일에는 차분한 분위기이니 아버지도 좋아하실 거라 생각했다. 나를 게스트하우스 사장 정도로 알고 계실 학쌀롱 사장님은 내가 중년의 한국 남자와 가게에 들어서자 신기하게 쳐다보았다. 그러나 아버지는 가게 안을 한참 둘러보더니, 문 앞에서 말없이 고개를 내젓고는 올라왔던 좁은 계단을 천천히 내려가기 시작했다.

어디 가시는 거지?

"아버지! 어디 가세요?"

아버지는 천천히 입을 떼셨다.

"저긴 좀 부담스럽네, 아빠가."

그러더니 다시 계단을 내려가신다.

부담스럽다고? 학쌀롱 어디가 부담스럽다는 거지?

다시금 가게 안을 쓱 둘러보았다. 드문드문 테이블을 잡고 저마다 분위기를 즐기며 술잔을 비우고 있는 손님들의 연령대는 전부 30대에서 40대 사이.

그제야 깨달았다. 나이 든 사람들이 찾을 것 같은 분위기의 술집도 내 기준에서나 그런 것이지 60대인 아버지에게는 이제 섞이면 안 될 것 같은 젊은이들의 문화인 것이다.

순간 얼굴이 화끈거렸다. 아버지를 잘 모시기는커녕 아버지의 생각도 헤아리지 못하고 분위기만 더 무겁게 만들어버렸다. 이 일을 어쩌나. 나는 한참 동안 어쩔 줄을 몰라 학쌀롱 입구에 서 있었다. 그러다 저 앞으로 멀어지는 아버지의 뒷모습을 보고 정신이 번쩍 들어 급히 아버지를 쫓아갔다.

"아무래도 여긴 좀 별로죠?"

"…"

"사실 더 좋은 곳이 있어요. 그리로 모실게요."

쩔쩔매는 아들의 말에 아버지는 나직하게 대답하셨다.

"그래, 가보자."

말은 그렇게 던졌지만 막상 우리의 간격을 어디서 좁힐 수 있을까 머릿속으로 고민에 고민을 거듭했다. 머리를 최대치로 굴리다가 번뜩,

적당한 곳이 생각났다. 아버지를 모시고 합정동을 벗어나 망원동으로 걸음을 옮겼다.

○

'참나무 바베큐'는 망원동 한강 인근에 터를 잡은 지 14년 된 곳으로 요즘 서울에서 참 보기 어려운 허름한 텐트형 포장마차이다. 사장님의 고향은 부산이고 일하시는 이모님의 고향은 대구라 했다. 동향이라고 참 푸근하게 대해주면서 여기 음식이 어른들이 좋아하는 스타일이라며 다음에 부모님 올라오시면 꼭 한 번 모시고 오라고 말하곤 했는데 마침 딱 기억난 것이다.

아버지는 한참을 포장마차 앞에서 뒷짐을 지고 서 계시다가 조심스레 안쪽으로 발걸음을 옮기셨다. 다행히 이곳은 괜찮으신 것 같았다.

겨우 안심을 하고 이곳의 대표메뉴인 '숯불닭한마리'와 맥주 두 잔을 주문했다. 닭 한 마리를 통째로 철판에서 기름기 없이 노릇노릇 구운 것인데 외양은 전기구이통닭처럼 생겼다. 그 안에는 찰밥이 들어있는데 시간이 지날수록 철판에 눌러붙어 고소하고 쫀쫀한 찹쌀 누룽지로 변해간다.

이내 음식이 나왔고, 평소 낯선 음식을 잘 못 드시는 아버지가 다행히 맛있게 많이 드셨다.

　　백색 조명 아래에서 새삼 살펴본 아버지의 얼굴빛은 원색의 파란 플라스틱 테이블과 대조적으로 무척이나 어두웠다. 내 기억 속 아버지는 연극과 영화를 사랑하는 감각적이고 멋진 사람이었다. 동네에서 권상우로 불릴 만큼 몸도 좋고 훤칠해서 은근히 자랑스럽기도 했다. 하지만 내가 깨닫지 못한 사이에 아버지는 너무나 홀쭉해지고 작아져 있었다.

　　세월은 무심히도 흘러 아들은 30대가 되었고, 딸은 아이 엄마가 되었고, 아버지는 할아버지가 되었다.

　　"누나는 요새도 집에 자주 와요?"

　　"내가 애들 보고 싶어서 가끔 오라 그런다."

　　"조카들은 잘 커?"

　　"무섭게 큰다."

　　"드실 만은 해요?"

　　"먹을 만하네."

　　"맥주 한 잔 더 시킬까요?"

　　우리는 드문드문 이런저런 이야기를 나눴다. 누나 이야기, 엄마 이야기, 기타 등등. 많은 대화를 나누지는 못했다. 목구멍을 넘어가는 맥주 소리와 철판에 붙은 누룽지를 떼어내는 소리로 대부분이 채워진 식사 시간.

　　지친 아버지에게 위로의 말을 건네고 싶었다. 나도 안다. 아버지가지금 많이 힘들다는걸. 자식인 내가 모르면 그걸 누가 알까. 그 힘든 걸 일일이 티내지 않으시는 게 더 안타까웠다.

하지만 대체 무슨 말을 해야 할지 몰랐다. 알았다 해도 그 말을 입 밖으로 내는 게 힘들었을 거다.

그저 따뜻한 밥 한 끼가 내 말을 대신해서 아버지의 속을 달래주었으면 했다.

○

최대한 깔끔하게 방을 치우고 그 어느 때보다 정성스런 마음으로 잠자리를 마련했다.

작은 방의 외국인 손님은 일찍 잠든 모양인지 조용하다. 아버지는 천천히 침대에 누우셨다. 나도 불을 끄고 바닥에 몸을 뉘였다. 적막 속에 아버지의 뒤척임이 크게 들렸다. 가까워질수록 더 낯설게 느껴지는 사람. 점점 기울어지는 달빛 속에 밤은 깊어갔다.

아버지는 다음 날 아침 일찍 다시 부산으로 내려가신다 했다.

나는 끝내 아버지에게 하루 더 계시다 가라는 말을 하지 못했다.

아버지를 합정역까지 모셔다드리며 잘 지내라는 짧은 말로 인사를 나누었다. 합정역의 수많은 출근 인파 속 아버지는 내게 손을 흔들었고 그렇게 우리는 헤어졌다.

그 뒷모습이 너무 작아 보여 나도 모르게 짧은 탄식이 나왔다. 아버지와의 이런 헤어짐이 처음도 아닌데, 이날은 평소와 다르게 알 수 없는 아쉬움이 진하게 남았다.

아버지와 함께 더 자주 시간을 보내야겠다. 더 자주 아버지와 식사를 해야겠다.

다음에는 더 즐거운 여행을 보내드릴게요.

건강하세요. 아버지.

11

이고르,
맨크러시의 정석

IGOR
FROM RUSSIA

이름
이고르

/

국적
러시아

/

한국 방문 목적
한국 사람들을 만나고 싶어서

/

이 방을 고른 이유
검색하다 우연히 발견

/

특이사항
금발의 모델 포스
술 전문가이지만 김치에는 약한 면모

/

호스트와의 인연
호스트를 기절시킴

처음 이고르가 숙박 문의를 해왔을 때 그의 프로필 사진을 보고 살짝 주눅이 들었던 게 사실이다. 작고 하얀 얼굴에 금발, 아찔한 콧등, 사진으로 다 보이지 않아도 짐작할 수 있는 떡 벌어진 어깨. 전형적인 코커스계 미남이었다. 그와 같이 다니면 남들 눈에 얼마나 비교되어 보일까. 잘생겼다는 이유만으로 진 것 같은 느낌을 선사한 게스트는 그가 처음이다.

그리고 그가 한국에 들어온 날. 메시지를 받고 합정역 3번 출구로 달려나갔다.

어디 있냐, 나는 이쯤에 있다, 거기 가만히 있어라, 이런 메시지 같은 걸 주고받을 필요가 없었다. 185센티미터는 될 것 같은 키에 딱 맞는 사파리 재킷과 청바지. 3번 출구 기둥에 비스듬히 기대어 서 있는 이고르는 합정역을 화보 촬영장으로 만들고 있었다. 말 그대로, 섹시했다.

이고르는 나를 보더니 큰 제스처도 취하지 않고 그저 턱으로 날 한 번 가리키더니 씩 웃고 만다. 그러곤 필요없는 인사말은 과감하게 생략하고 다짜고짜,

"이고오오오르으으!"

라고 말하며 손을 턱 내밀었다. 나는 그의 하얀 손을 잡고 팔을 흔들었다. 한 가지 생각밖에 들지 않았다.

멋있다.

○

이고르의 얼굴을 곁눈으로 구경하며 집으로 가는 길에 이상한 것이 눈에 들어왔다. 우리 집에 3주나 머물 예정인 그의 가방이 너무 작아 보였던 것이다. 잘 쳐줘야 여고생이 메고 다니는 백팩 정도 크기?

방에 대한 별다른 소감도 없이 이고르는 익숙하다는 듯 방에 쑥 들어갔다. 뭐 챙겨줄 건 없나 싶어 이러저리 돌아다니고 있는데 방에 들어간 이고르가 말이 없다. 대체 뭐하나 싶어서 방문을 살짝 열어보니 가방을 뒤적이고 있었다. 무엇을 들고 왔을까 궁금해서 지켜봤다. 곧 눈앞에 놀라운 광경이 펼쳐졌다. 이고르는 그 작은 가방에서 계속해서 보드카를 꺼내고 있었다.

한 병.

두 병.

세 병, 네 병, 계속 계속 계속.

어느새 책상 위에는 하얀 보드카들이 열을 맞춰 서 있었다.

그런데 문 앞에서 어정쩡하게 그 광경을 지켜보는 나를 발견한 이고르가 내게 다가왔다. 아, 내가 게스트의 프라이버시를 침해하는 초보적인 실수를 저질렀구나. 왜 방문을 열어본 거지? 미쳤어!

"그게, 내가 훔쳐보려던 건 아닌데….".

그는 말없이 보드카 두 병을 내 손에 턱 안겼다. 내 손바닥으로 던졌다는 표현이 더 어울릴 것이다.

게스트에게 술을 선물 받은 게 처음은 아니다. 게스트들은 종종 자기 나라의 특산 술 미니어처를 가져다준다. 멜리에는 맥주병에 귀여운 토끼를 그려서 주기도 했다.

하지만 이렇게 터프하고 무시무시한 선물은 처음이다.

기분 좋음과 당황스러움 사이에서 갈팡질팡했다. 보드카에 대해서는 남들이 다 먹는 유명 브랜드만 아는, 한마디로 일자무식인 상태. 사실 말을 좀 붙여보고 싶었던 터라 술병 꺼내기에 다시 집중한 그에게 조심스럽게 물었다.

"저기… 이건 어떻게 보관하면 좋아?"

이고르는 나를 쓱 올려다보더니 내게 다가와 말없이 보드카 한 병을 낚아챘다. 그러고는 냉장고 앞으로 성큼 다가가 냉동실 문을 열고 텅 빈 냉동실에 보드카를 넣었다. 고개를 돌려 나를 돌아보더니 냉동실을 검지손가락으로 한 번 가리키고, 다시 엄지손가락으로 자신의 목을 칼로 쓱 긋는 시늉을 했다. 이렇게 마시면 죽이게 맛있다는 뜻이다. 그러더니 한마디.

"재원, 집에 일찍 오는 날에 말해. 이걸 죽이게 마시는 방법을 알려줄게!"

한국에서는 쉽게 볼 수 없는 러시아산 터프함이 줄줄 흘러내린다.

○

막상 이야기를 나눠보니 이고르는 의외로 푸근한 성격의 동생이었다. 서툰 영어 탓에 말을 많이 하지 않아서 더 시크해 보였던 것 같다. 피차 영어가 짧기 때문에 말은 그렇게까지 잘 통하지는 않았지만 희한하게 마음은 너무나 잘 통했다. 내가 아, 하면 이고르가 어, 하는 식이었다. 게다가 이고르가 왔던 때는 이상하게도 회사일이 바쁘지 않아 이고르와 참으로 많은 시간을 함께했다. 아침에 일어나면 이고르가 "오늘은 어디로 가볼까?" 하고 물어볼 정도였다. 러시아에서 원래 알고 지내다가 함께 서울로 여행 온 것이 아닐까 싶을 정도로 붙어다녔다.

3주 내내 나는 그를 위한 전용 가이드가 되어 나만의 특기인 동네 투어부터 전형적인 관광객 투어까지 보여줄 수 있는 건 다 보여줬고 합정동, 망원동, 상수동은 물론 인사동에 명동까지 갈 수 있는 곳은 다 갔다.

수많은 추억이 있지만 특히 기억나는 건 정말 소소한데, 개천절에 갔던 망원시장에서 발견한 문어다. 꼬불꼬불 긴 다리로 이쑤시개 태극기를 잡고 있는 문어에 우리 두 여행자는 자지러지며 시장 바닥에 쓰러졌다. 이렇게 귀여운 애국 마케팅이라니.

하지만 우리가 가장 좋아한 일은 바로 투어를 다 마친 후

학쌀롱 창가 자리에서 예거를 마시며 그 날의 여행에 대해 수다를 떠는 것이었다. 10월 초의 쌀쌀한 날씨에도 탁 트인 시원한 창문 너머로 보이는 동교로의 풍경은 포기할 수 없었다. 감기 걸리는 게 싫은 나는 늘 두꺼운 후드 티를 입고 있었는데 반팔 차림의 이고르는 이 정도면 피서를 가야 하는 것 아니냐며 나를 놀리곤 했다.

○

그리고 그 날이 왔다.

"재원~ 우리 이제 보드카 한잔 제대로 해야지. 오늘 집에 일찍 들어와!"

그렇다. 냉동고 속에 러시아에서 넘어온 낯설고 하얀 놈이 들어 있었다! 왠지 냉동실의 봉인을 해제하면 안 될 것 같았지만 내가 무슨 힘이 있겠는가.

억지로 일을 일찍 마치고 집으로 들어갔다. 이고르는 충분히 낮잠을 잤는지 아주 여유로운 얼굴로 방에서 나왔다. 마치 지옥 훈련을 마치고 여유 있는 표정으로 도마에 오르길 준비하는 기계체조 선수 같았다. 솔직히 말해, 무서웠다.

"안주라도 필요하지 않을까? 술이 워낙 독하니까…."

"음… 그렇지. 함께 먹을 것이 있어야지. 내게 좋은 것이 있어."

그는 가방을 뒤적이더니 초콜릿을 꺼냈다. 안주 소식에 가슴을 쓸

어내렸던 나는 달랑 초콜릿 몇 개를 들고 이게 좋겠다며 웃고 있는 그의 모습에 경악을 감출 수 없었다.

이건 진짜 아니다. 저렇게 먹었다간 죽을지도 몰라.

급히 주방을 뒤지기 시작했다. 초라한 주방에는 사람이 먹을 만한 게 거의 없다. 왜 라면도 안 보이는 거야? 하지만 곧 구석에서 익숙한 검은 봉지 두 개를 발견했다. 난 안도의 한숨을 내쉬었다.

"이고르, 내가 너의 보드카에 딱 어울리는 특별한 요리를 해줄게. '코리안 블랙 누들'이야. 금방 되니까 조금만 기다려."

"재원, 다른 건 딱히 필요없어. 보드카와 이 초콜릿이면 된다고."

"아니야 이고르. 내가 정말 꼭 대접하고 싶어. 제발…."

거의 애원하다시피 빌자 이고르는 누들은 딱히 필요없다는 말을 계속하면서도 내가 하는 대로 내버려뒀고, 곧 주방에서 풍겨오는 신비한 향에 조금씩 흥미를 가지기 시작했다. 나는 얼른 짜장 라면을 끓여 이고르 앞에 대령했다.

"이상하게 생겼어. 그래도 먹어볼까?"

맛을 보고 아주 깜짝 놀란 표정을 짓더니, 이내 맛있게 먹기 시작한다. 우리는 짜장 라면으로 속을 따뜻하게 데우고 슬슬 본론으로 들어갔다.

우리나라의 막걸리처럼 러시아에도 지역마다 보드카가 있다고 한다. 냉동실에서 며칠간 봉인되어 있던 문제의 보드카는 이고르의 고향인 사마라에서 나는 특산품으로 청아한 맛이 일품이라고 한다. 이름은 '레댜노이 라드니크'. '얼음 분수'라는 뜻이란다. 라벨에 있는 파란 산이 뭐냐고 물었더니 이건 '베지미아니 산'인데 이 보드카는 여기에서 얻은 아주 맑은 물로 만들었다고 한다. 믿거나 말거나.

이고르는 아주 반갑다는 표정으로 천천히 보드카 병을 따고 안을 살짝 살폈다. 그러고는 아름답다는 말을 연발하며 내 술잔에 보드카 병을 기울였다. 산에서 얻었다는 맑은 물이라기에 맑은 액체가 쏟아져 나올 줄 알았는데, 끈적끈적한 느낌의 젤리 같은 무언가가 하얀 김을 풍기며 잔에 스르륵 담긴다. 이고르는 고개를 절레절레 흔들며 아주 만족스러운 표정을 지었다. 보드카를 즐기기에 아주 최적의 상태라는 것이다.

러시아에서는 술잔을 꽉 채워서 마신다며, 술이 술잔 위로 동그랗게 솟아오를 때까지 내 잔을 채워줬다. 그러고는 무조건 원샷이란다.

너무 무섭지만, 이걸 나눠서 먹는 건 더 무섭다.

그래. 러시아 사람들도 사람인데, 설마 못 먹는 것을 만들었을까.

이것 또한 여행이다.

난 심호흡을 깊게 했다. 그리고 단숨에 털어넣었다. 처음 입에 닿는 순간 아무런 맛도 향도 느껴지지 않았다. 하지만 그 차갑고 끈끈한 것이 목을 타고 넘어간 후, 아주 뜨거운 것이 목구멍을 역류해 올라왔다! 동공은 확장되고 목소리는 조금도 나오지 않았다. 몇 초 후 나는 목을 감싸쥐고 벽을 손톱으로 박박 긁었다. 내 반응에 이고르는 뒤집어졌다. 그의 러시아에 대한 자부심이 하늘을 찌르는 순간이다.

"재원, 이건 러시아에선 아주 평범한 수준이라고. 그래도 먹을 만하지?"

겨우 뜨거움이 진정되자 나는 알 수 없는 오기가 생겼다.

"그러게. 그런데 말야, 여기에 하나가 더해지면 훨씬 좋을 것 같아! 한국에도 뜨거운 게 있거든. 잠시만 기다려봐. 알았지?"

나는 냉장고에서 김치를 꺼내 왔다. 평소에 이고르가 나와 함께 식당에서 먹던 달달하고 상큼한 서울식 김치가 아니라, 이모가 보내주신 자극적이고 매운 경상도식 김치. 이 김치를 택배로 부치고 이모는 내게 전화를 걸어, 어쩌다 보니 고춧가루를 매운 걸로 사게 됐다며 이번 김치는 충분히 익힌 다음 조금씩 먹으라고 신신당부했었다.

이고르는 '무조건 원샷'이라는 내 말에 크고 빨간 배추 줄거리를 한입에 삼켰다. 그리고 몇 번 씹더니 나처럼 벽을 긁기 시작했다.

"하하하! 어때 이고르, 먹을 만하지?"

하지만 자존심은 이고르도 보통이 아니었다. 매운 김치의 후폭풍에 얼굴이 시뻘건데도 보드카와 너무 잘 어울린다며 함께 먹자고 제안했다.

이판사판이다!

우리는 두 번째 잔부터는 김치와 보드카를 번갈아 먹고 마셨다. 보드카가 지나간 목구멍에 다시 진한 김치 한 조각. 뜨거움과 뜨거움이

158

목구멍에서 교차했고, 그 짜릿함은 강한 매력이 있었다. 보드카와 김치의 만남은 말 그대로 환상적이었다. 술을 잘하지 못하는 나였지만 이 조합에 계속해서 술잔을 비워나갔다.

하지만 아니나 다를까. 다섯 잔 정도 마시자 정신이 왔다 갔다 한다.

"재원, 왜 그래? 벌써 나가떨어지는 거야?"

이고르는 내가 술이 너무 약하다며 의아해한다. 러시아에는 보드카를 마시는 게임이 있는데 너덧 명이 둘러앉아 한 손에는 보드카, 한 손에는 콜라를 들고 술이 떨어질 때까지 계속해서 술병을 돌리며 술을 비운다고 한다. 술이 다 떨어지기 전에는 절대 술병을 바닥에 놓을 수 없다고 한다. 보통 보드카 두 병이 기본이고, 그 이후에 승부가 슬슬 갈리기 시작한다고.

"그건 너희 러시아 사람들이고…!"

나는 그날 두 번째 보드카병의 색깔을 기억하지 못한다.

○

이렇게 잘생기고 화끈하기까지 한 사람을 몇몇 소수만 알고 있는 것이 너무도 답답해서 페이스북에 난생처음으로 내 에어비앤비 이야기를 알렸다. 이고르는 단번에 합정동의 스타가 됐다.

나는 이고르가 종종 동네 사람들과 만남을 가질 수 있게 도와줬다. 주요 아지트는 '빠리쌀롱'으로 파리를 콘셉트로 한 합정동의 작은 바다. 빈티지한 소품들과 녹색의 화초들, 빈 와인병, 그리고 향초가 파리의 느낌을 물씬 자아낸다. 이곳에 둥그렇게 앉아 담소를 나누고 술을 마시면 국적 불문 누구나 파리를 경험할 수 있다.

이고르는 소주를 물처럼 마시고는, 러시아에서는 와인도 19도라며 여유로운 표정을 지었다. 이에 자존심이 상한 수많은 남성들이 이고르에게 도전했지만 매번 싱겁게 이고르의 승리로 끝나기 일쑤였다.

이고르가 가장 친하게 지낸 사람은 다름 아닌 학쌀롱 사장님으로, 내가 낮에 회사에서 일할 때 어울려 다녔다. 회사 동료와 밥을 먹으러 식당에 들어갔는데 학쌀롱 사장님과 이고르가 함께 밥을 먹는 장면을 많이 목격한 나머지 나중에는 놀라지도 않았다.

여행자가 여행지에서 자신의 영역을 차곡차고 넓혀나가는 걸 보면 마냥 신기하다.

○

나뿐만 아니라 합정동 사람들과도 제법 친해진 그는 돌아가는 그날까지도 몇 개월 안에 러시아 생활을 정리하고 곧 한국으로 돌아오겠다는 말을 계속했다. 현실적인 말이 아니라는 건 이고르 자신이 제일 잘 알았지만 아쉬운 마음에 목청을 높이곤 했다.

그리고 그와 헤어지는 날.

합정역까지 그를 바래다주었다. 왔을 때와 똑같은 잘생긴 얼굴에 멋진 옷차림이었지만, 그의 표정과 분위기는 친숙한 학교 후배 같은 느낌이었다. 잘 가라고 마지막 포옹을 하는데 세상에, 찔끔 눈물이 났다. 남자 둘이 헤어지는데 이게 무슨 꼴인지 모르겠다. 쏟아지는 시선에 둘 다 멋쩍어하면서도 합정역에서 한참을 헤어지지 못했다.

게스트와 헤어질 때의 진한 아쉬움은 그들과 같이 여행을 했기 때문인 것 같다. 함께 서울을 여행하지 않았다면 그들과 함께 1년을 지내도 서로에게 특별함을 가지지 못할 거란 생각이 든다.

이고르는 내가 알지 못하는 사이에 자기가 가져온 보드카를 다 먹었다. 하지만 아직 따지 않은 보드카가 내게 한 병 더 있다.

언젠가 다시 만나 매운 김치와 짜장 라면을 앞에 두고 술잔을 기울일 수 있길 바라본다.

그때까지 주량이 얼마나 늘지 모르겠지만.

12

줄리안,
절에서 해답을 찾은
세기의 로맨티스트

JULIAN
FROM REPUBLIC OF SOUTH AFRICA

이름
줄리안

/

국적
남아프리카공화국

/

한국 방문 목적
잠시 스쳤다 가는 곳

/

이 방을 고른 이유
혼자 조용히 방을 쓸 수 있어서

/

특이사항
세기의 로맨티스트
포기를 모르는 남자

/

호스트와의 인연
마음공부를 같이 한 사이

이런 로맨티스트가 또 있을까.

그날도 카페에서 게스트와 라이프셰어를 하고 있었다. 남아프리카 공화국의 케이프타운에서 온 프로그래머 줄리안은 여행 중 싱가포르에서 한 여자를 만나 사랑에 빠졌다고 한다. 지구 반대편을 오가며 그녀와의 사랑을 이어갔고 결혼까지 하게 되었다. 그는 싱가포르 영주권을 따려고 노력했지만 문제가 생겼고 설상가상으로 고국에 그녀를 데리고 올 길도 막혔다고 한다. 함께 살 수 있는 나라를 찾던 중 영국에서 비자 문제를 해결할 수 있는 실마리를 찾았고 현재 영국 이주를 준비 중이라고 한다. 싱가포르에서 부인을 만나고 돌아가는 길에 여행차 잠시 한국에 들른 것이다.

"정말 대단해 줄리안! 너 같은 로맨티스트는 처음 봤어!"

"비록 몸은 떨어져 있지만 난 아내와 항상 깊은 교감을 하고 있어. 물론 하루 빨리 함께 살기를 바라지."

나는 줄리안을 진심으로 존경하게 되었다. 가게 안의 온 조명이 그의 얼굴만 비추는 것 같았다. 그런데 다음 순간 줄리안의 얼굴에 깊은 그림자가 드리웠다.

"하지만… 솔직히 얼마나 오래 떨어져 있어야 할지 확신이 서질 않아."

어떤 마음일지 감히 다 짐작하지는 못하지만 나도 여자친구와 유학 때문에 반강제로 헤어져본 경험이 있는지라 그 고통을 조금이나마 알 것 같았다.

이런 사람에게 평소 하던 동네 투어 외에, 호스트로서 어떤 걸 해줄 수 있을까? 나는 내 방을 거쳐간 게스트들이 해본 적 없는 색다른 도시 여행을 제안했다.

"줄리안, 나 이번 주 일요일에 절에 갈 건데 시간 되면 같이 가보지 않을래?"

"거길 가면 뭘 할 수 있는데?"

"내가 마음의 안정을 찾으러 종종 가는 곳이야."

"음… 좋아. 가보자."

"좋아! 집에서 걸어서도 갈 수 있는 거리야!"

○

성림사는 내가 보았던 도심 속 절 중에 가장 아름다운 곳이다. 눈이 소복이 쌓여 있던 어느 겨울, 성산동의 작은 언덕에 비밀의 정원처럼 숨겨져 있는 걸 우연히 발견했다. 위치는 성산동 뒤편 성산 근린공

원으로 망원역이나 마포구청역에서 걸어서 10분 내지 15분이면 충분히 갈 수 있다. 망원에서 올라가는 길은 조금은 복잡한 편인데 성산동에 즐비한 장난감 같은 예쁜 카페며 집들, 또 인근 성서초등학교 어린이들이 그린 귀여운 벽화들을 감상하며 걷다 보면 금방 찾을 수 있다.

작고 아기자기하고 단단하다는 표현이 어울리는 3층짜리 법당 앞에는 딱 내 마음이 들어갈 크기의 예쁜 잔디밭이 펼쳐져 있다. 잔디밭 한구석에는 크고 작은 장독대들이 저마다의 향기를 담고 있다. 사뿐사뿐 걸어가는 고양이의 발걸음 소리마저 들을 수 있는 조용하고 예쁜 곳이다. 나는 성림사에 1달에 한두 번 정도 와서 기도도 하고 봉사활동에도 참여하며 내 마음을 다스리고 공부한다.

사실 줄리안이 일요일에 할 게 없어 보여서 가볍게 물어본 건데 내가 마음공부를 하는 곳이라고 하니까 덥석 따라나서는 게, 이 친구 마음이 진짜 많이 편치 않구나 싶다. 왠지 짠하다.

법당에 들어서기 전 나는 줄리안에게 넌지시 일렀다.

"나는 저 안에 들어가서 '108배'라는 걸 할 거야. 시간이 조금 걸려. 너는 법당을 구경해도 좋고, 내가 하는 걸 따라 해도 좋아. 아니면 눈을 감고 집중해도 좋고."

원래 겸손한 몸가짐을 가지고 있는 줄리안은 발걸음 하나라도 실수할까 조심하며 법당 안을 살핀다. 그런 줄리안에게 조용히 방석 하나를 가져다주었는데 줄리안은 앉지 않았다. 대신 눈을 지그시 감고 조용히 명상에 들어갔다. 나는 108배를 올리기 시작했다.

차가운 공기, 온화한 부처님의 얼굴, 어두운 법당. 난 법당의 나무향을 맡으며 천천히 내 주변을 고요하게 만들었다. 한 동작 한 동작 집중하여 몸을 움직이며 나를 낮추었다. 그렇게 한 10분쯤 지났을까? 쌀쌀한 법당의 공기에 몸이 적당히 적응했을 때쯤 문이 열리는 소리가 들렸다.

"아니 왜 이렇게 어둡게 있으세요? 이 버튼을 누르면 법당 불이 켜집니다. 기도 중에도 불을 켜고 하세요."

"아… 감사합니다 스님."

"재원 씨 얼굴 되게 오랜만에 보네. 기도 다 드리면 내려와서 차 한 잔 하고 가세요. 알았죠?"

"네. 기도 끝나고 내려갈게요."

스님은 우리에게 환하게 웃어주고 법당을 나가셨다. 하지만 줄리안은 법당 자체도 익숙하지 않은데 갑작스런 스님의 등장에 어쩔 줄 몰라 하는 눈치다. 줄리안을 위해 스님이 하신 말씀을 얼른 통역해주었다.

"줄리안, 방금 오신 분은 이 절의 스님이셔. 우리보고 잠깐 들러 차를 마시고 가라고 말씀하신 거야."

"아 그렇구나. 그런데 내가 너무 가볍게 입고 온 것 같은데 정말 괜찮을까?"

"그럼. 공손하게 예의만 잘 지키면 돼."

나는 곧 108배를 마치고 줄리안과 함께 법당을 내려갔다. 1층에 있는 작은 응접실의 큰 창으로 차분히 우리를 기다리는 스님이 보인다. 조금은 긴장된 마음으로 문을 두드렸다.

똑똑.

"저희 들어가도 될까요?"

"그럼요. 어서 들어오세요."

스님의 환한 미소와 밝은 기운에 다소 긴장했던 마음이 눈 녹듯 사라졌다. 사람의 마음을 편안하게 해주는 힘이 있는 분이다.

스님은 흙으로 빚은 투박한 잔에 보이차를 따라 주셨다. 줄리안은 내가 하는 손동작을 흘깃거리며 두 손으로 공손히 찻잔을 받쳐 들어본다. 우리는 천천히 차를 음미했다. 은은한 흙내음과 보이차 특유의 지푸라기 향에 조금씩 마음이 안정되었다.

아프리카에서 날아온 여행자가 마음의 평화를 찾아 이곳 성미산의 작은 절까지 왔다. 그는 여기에서 어떤 해답을 얻을 수 있을까 궁금해진다.

○

우리 셋의 대화는 자연스레 '관계'로 이어졌다. 가장 힘든 것은 역시 인간관계 아니겠는가. 줄리안이야 말할 것도 없고, 나도 직장에서 인간관계 때문에 속을 썩이고 있을 때였는데 스님은 그런 내 마음을 훤히 보고 계신 것 같았다.

"우리 삶에서 가장 중요하고도 어려운 것이 관계입니다. 이 관계가 꼬여버리면 결코 성공할 수도 없고, 편하게 살 수도 없으며, 인생이 우울해집니다."

"그럼 관계를 잘 하려면 어떻게 해야 할까요?"

"보통 관계에서 문제가 생기면 남을 탓하고 남에게서 원망의 이유를 찾는데 그러지 말고 자신을 잘 살펴보아야 합니다. 모든 문제는 자신에게서 발생되는 것이 대부분이니 자신을 먼저 잘 살펴서 그 원인을 발견해야 해요."

"그런데 잘 모르겠어요. 내 탓을 어떻게 발견할 수 있는지요."

"그건 아직 자신의 마음을 보는 법을 잘 몰라서 그렇습니다. 상대를 향한 원망이 그것을 가리고 있을 수도 있고요. 나는 스스로의 마음을 보는 방법을 30년 동안 공부했어요. 절대 쉬운 일이 아니에요. 하지만 일단 자신을 잘 보게 되면 세상의 이치가 보여요."

이 모든 대화를 나는 열심히 영어로 줄리안에게 말해줬다.

하지만 번역해서 전달하면 전달할수록 점점 자신이 없어졌다. 내가 맞게 번역하는 건가?

결정적으로 서양인이자 기독교인인 줄리안이 이 모든 걸 알아듣거나 공감할 수 있을까 점점 의문이 들었다. 스스로의 마음을 다스려 사람의 내면을 평안하게 만드는 동양 철학과, 절대자인 하느님이 죄를 사해주는 서양 철학이 만날 수 있는 지점이 있긴 한 걸까?

줄리안과 성림사를 나서는 길. 그렇게 자신 있게 줄리안을 절로 데려왔건만 내가 줄리안의 이야기를 제대로 전달했을지, 스님의 말씀을 제대로 알려줬을지, 그리고 줄리안의 마음이 얼마나 편해졌을지 자신이 없었다. 우물쭈물하다가 줄리안에게 사과의 말을 건넸다.

"미안해. 통역이 매끄럽지가 않았지."

"아니야, 네 통역 매우 훌륭했어. 이야기도 다 좋았어."

"그럼 오늘 우리가 한 이야기, 무슨 소리인지 다 알아들었어?"

"그거 '거울 보기'에 대한 이야기잖아. 그렇지?"

"응?"

오늘 이야기 중에 거울의 기역 자도 안 나온 것 같은데.

"'거울 보기'란 나 자신의 내면을 들여다보는 의식이야. 스님도 눈에서 안개를 걷어내고 나 자신을 정직하게 바라보라고 말씀하신 거잖아. 맞지?"

"응… 그게 맞아!"

"나도 예전에 종종 '거울 보기'를 하곤 했어. 그런데 최근에는 아내와 떨어져 있는 게 너무 힘들어서 완전히 잊고 있었어. 그런데 너와 함께 여기에 오니까, 알게 되었어. 나한테 필요한 게 바로 '거울 보기'라는걸."

줄리안은 나에게 씩 웃어주었다.

"정말 고마워. 내가 지금 당장 해야 하는 게 뭔지 깨닫게 해줘서."

○

함께 절에 다녀온 후 그는 매일 아침 명상을 했다. 거울 보기, 즉 자신을 가만히 들여다보며 마음을 다스리는 작업이라고 했다. 아내와 떨어져 있는 게 슬프다는 사실을 인정하면 되려 그 상황을 극복하기 위한 힘이 더 난다고 했다. 그러더니 나에게는 왜 아침마다 동양식 거울 보기인 108배를 하지 않냐고 묻기에 이르렀다. 열심히 하고 있다고 얼버무리는 수밖에.

그 이후에도 우리는 서로에 대한 깊은 대화를 나누었다. 누군가를 원망하는 마음이나 나에게만 닥친 것 같은 힘든 상황을 줄리안과 나누면 그 고통이 반이 되는 느낌이다. 그리고 나쁜 감정과 마음을 똑바로 바라볼 수 있도록 서로의 스님이 되어 이런저런 조언을 해주었다. 함께 마음공부 여행을 했기에 가능한 일이다.

에어비앤비를 그렇게 오래 운영하면서도 두 사람의 문화와 언어가 다르면 서로 공유할 수 있는 생각과 공감할 수 있는 감정에 한계가 있을 것이라 생각했다. 특히 영적인 부분은 게스트들과 나누기 어려울 것이라 생각했다. 하지만 줄리안으로 인해 이러한 생각을 완전히 바꿀 수 있었다.

줄리안은 그것이 결코 국경이나 언어의 문제가 아님을 알려주고, 왔을 때와 마찬가지로 조용히 한국을 떠났다.

줄리안은 아직 영국 이민을 준비 중이라고 한다. 그가 번뇌에서 벗어나 부인과 행복한 삶을 꾸려가길 진심으로 바란다.

13.

패트릭,
한국 음악에 푹 빠지다

PATRICK

FROM U.S.A.

이름

패트릭

/

국적

미국

/

한국 방문 목적

한국어 공부!

/

이 방을 고른 이유

호스트가 음악 비즈니스를 한대서

/

특이사항

3개 국어 능력자
없어 보이지만 반전이 있음

/

호스트와의 인연

호스트와 사업 파트너를 꿈꾸고 있음

프로필 사진에서부터 개성이 뿜어져 나왔다. 투블럭컷 헤어, 성조기 프린팅 티셔츠 위로 몸에 딱 맞게 걸친 검은 블레이저, 타이트한 9부 바지, 발목까지 올라오는 하이탑 워킹화. 꽃무늬 벽 앞에 뒷짐을 지고 서 있는 그는 '나 좀 놀아요'라는 포스를 마음껏 표출하고 있었다. 그게 싫지는 않고 오히려 귀여웠다.

본격적으로 그와 쪽지를 주고받았다. 패트릭은 자신을 아리랑TV 캘리포니아 지사에서 한국 음악을 소개하는 아나운서라고 소개했다.

⋯→ 네가 한국 음악을 알리는 일을 하는 사람이기에 네 방을 선택했어. 그런데 어디서 일하는 거야?

그리 크지 않은 음반 레이블이야. 말해도 너는 모를 거야. ←⋯

⋯→ 와우. 난 지금 너를 빨리 만나고 싶어서 못 참겠어! 정말 흥분돼. 넌 무슨 음악을 좋아하니? 회사에서는 정확히 어떤 일을 하는 거야? 한국 음악 시장은 규모가 어때?

우선 좀 진정하고 만나서 이야기하자. ←⋯

⋯→ 그래! 근데 미국에서도 마케팅 활동을 해?

그의 메시지는 끝도 없이 날아왔다. 지나치게 반가움을 표하는 이 수다쟁이가 살짝 부담스럽기도 했지만 나 역시 해외 업무를 종종 맡고 있고, 뮤지션들의 해외 진출의 포문도 점점 열리면서 미국 시장에 대한 호기심이 많았기 때문에 패트릭의 방문이 반갑지 않을 수가 없었다. 단순히 에어비앤비 게스트로서가 아니라 뭔가 내 일에 도움이 되는 그런 손님 같아 더욱 기대가 컸다.

○

하지만 그런 기대만큼 그를 잘 맞이했어야 하는데 첫날부터 큰 실수를 하고 말았다. 서로 시차를 생각하지 못하고 약속을 잡는 바람에 패트릭을 1시간 반이나 합정역에서 기다리게 만든 것이다. 그것도 슬슬 겨울바람이 불기 시작하던 11월 하순에. 하필 그날 강남에서 미팅이 있었던 나는 달려가면서 그에게 합정역 7번 출구 큰 카페에서 기다리라고 했다.

그런데 막상 가보니 패트릭은 카페에 들어가지 않고 로비에서 날 기다리고 있었다. 온몸이 꽁꽁 얼어붙은 채로 말이다. 보통 때의 나였으면 큰 목소리로 즐겁게 불렀겠지만 지금은 그럴 상황이 아니다. 나직하게 그에게 말을 걸었다.

"너… 패트릭 맞지?"

"아… 죄원. 하이…."

혀끝까지 얼어버린 패트릭은 손을 심하게 떨면서도 미국식 인사를 하겠답시고 내게 손을 내밀어 내 어깨에 자기 어깨를 부딪쳤다. 손이 얼음처럼 차가웠다. 옷은 엉망진창 바람에 구겨져 있었고, 입술은 창백했다. 외국 나간다고 멋지게 물들였을 금발머리는 물기가 다 날아간 단무지 같았다.

"정말 미안하다. 너무 늦어버렸어. 미안해."

"아냐. 내 실수도 있는걸. 그나저나 한국의 겨울은 참 춥네… 캘리포니아와 정말 달라."

미안한 마음 가득 안고 그를 집으로 데리고 와 방으로 안내했다. 따뜻한 홍삼차를 주려고 물을 끓이는 동안 그는 입고 온 옷차림 그대로 잠들어버렸다.

○

패트릭은 한국의 겨울을 유독 추워했다. 입으로는 괜찮다는 말을 연발하면서 몸은 벌벌 떨었다. 특히나 우리 집은 난방을 해도 방이 어느 정도 이상으로는 따뜻해지지 않는데, 캘리포니아의 쾌적하고 따뜻한 날씨에 익숙한 패트릭에게는 쥐약과도 같은 방이었으리라. 가뜩이나 마른 그가 더욱 안쓰럽게 느껴졌다. 옷도 무슨 반바지 반팔, 후줄근한 추리닝 같은 것들밖에 없다. 멋쟁이인 줄 알았더니 계절 감각 없는 가난한 여행자였나 싶었다.

하지만 이야기를 들어보니 그 역시 나름대로 열심히 살아온 것 같다. 중국인 아버지와 일본인 어머니 사이에서 태어난 그는 영어, 중국어, 일본어까지 3개 국어를 할 줄 아는 능력자이다. 한인타운에 놀러 다니며 한국 음악을 많이 알게 된 덕에 그는 대학을 졸업한 직후 바로 아리랑TV에 취직했다고 한다. 알고 보니 한국에 오게 된 것도 회사에서 한국어를 공부하라며 보내준 것이라고. 회사에서 연세어학당 1년치 학비와 생활비 절반을 대준다고 한다.

"와우! 그 정도면 파격적인 대우 아냐? 캘리포니아에도 한국어 배울 곳이 있을 텐데 굳이 한국까지 보내준 거면?"

"한국어도 제대로 배우고 한국 음악도 공부하고 오래."

"너 정말 열심히 해야겠다."

"그렇지 뭐."

그렇다. 그는 회사에서 큰 기대를 받는 몸이었다. 춥고 외풍도 드는 이 방을 패트릭이 일부러 선택한 것도 내가 음반 회사에 다니기 때문인데, 가만히 있으면 올바른 호스트의 자세가 아니라는 생각이 들었다. 패트릭이 한국에서 많은 공부를 할 수 있게끔 도와주어야겠다.

○

우리는 12월 22일 녹사평역에서 만났다. 그날 한국 인디 음악의 가장 뜨거운 이벤트가 경리단길에서 펼쳐지기 때문이었다. 바로 라이프앤타임, 파라솔, 혁오밴드가 함께한 '스팅키 스웨터(STINKY SWEATER)' 공연. 이 공연은 뮤직펍인 '펫사운즈'에서 열렸는데 촌스러운 웨스턴 스타일의 바가 그 나름의 멋이 있고, 무대가 뒤로 넓지 않고 좌우로 길어 관객과 밴드가 만나는 면적이 넓은 게 특징이다.

우리는 공연 시간보다 조금 일찍 도착했다. 팬들뿐만 아니라 다양한 업계 관계자들이 많이 참가한 듯했다. 아는 얼굴에게 인사하다 보니 일하러 온 기분도 들고. 한국에 와서 추위에 떠는 것밖에 해본 것이 없는 패트릭은 들뜬 분위기와 모여드는 사람들의 열기에 잔뜩 고무되어 보였다. 아니나 다를까. 우리가 도착한 바로 뒤로 엄청난 인파가 줄을 서기 시작했는데 예상보다 세 배나 많은 관객들이 몰려 태반이 입장을 하지 못하고 돌아가야만 했다. 우리도 5분 정도만 늦게 도착했으면 그렇게 될 뻔했다. 그 추위에 이태원까지 갔는데 입장도 못하고 돌아갔으면, 세상에, 패트릭에게 얼마나 미안했을까. 지금 생각해도 식은땀이 난다.

시작을 끊은 건 혁오밴드이고 그 뒤를 파라솔이 이어받았다. 좁은 실내에 꽉 들어찬 관객들은 밴드들의 음악에 저마다 반응을 하면서 큰 물결을 만들어냈다.

패트릭은 자기가 아는 한국의 음악과는 너무도 다른, 처음 만나는 한국 음악에 엄청난 충격을 받은 듯했다. 그의 눈앞에서 가장 뜨거운 밴드들이 펼치는 가장 날것의 무대가 펼쳐지는 순간이었다.

두 밴드의 무대가 끝나고 드디어 라이프앤타임의 순서. 나는 이 밴드의 무대를 보러 온 거나 마찬가지였기 때문에 살짝 흥분된 어조로 패트릭에게 속삭였다.

"내가 요새 제일 좋아하는 밴드야. 잘 들어봐!"

"응!"

라이프앤타임은 그날따라 접신이라도 한 듯 관객들을 제대로 흥분시켰고 패트릭은 완전히 압도되어 신나게 놀았다. 내가 그때까지 본 패트릭의 모습 중에 가장 흥분된 모습이었다. 그리고 모름지기 내가 흥이 났는데 남들이 가만히 있으면 뭔가 뻘쭘한 법이라, 이왕 이렇게 된 거 패트릭에게 완전히 맞춰줘야겠다 싶어 나 역시 오랜만에 관객으로 돌아가 몸을 흔들어댔다. 주변에 나를 아는 여러 관계자들이 있었지만 신경 쓰지 않았다.

내 에어비앤비만의 매력이 여기에 있다.

어떤 호스트가 게스트에게 한국 인디씬 공연을 보여주랴.

"대단해 정말! 이런 음악이 한국에 있다는 것을 반드시 미국에 알려야 해!"

공연이 끝나고 그는 잔뜩 흥분한 말투로 이야기를 이어나갔다. 미국의 주류가 되는 무슨 무슨 밴드랑, 유럽 어디에서 제일 핫한 밴드랑, 자기가 방금 본 밴드들의 이야기를 두서없이 늘어놓는데 도저히 막을 수가 없었다.

"재원, 오늘 진짜 고마워. 나 지금 너무 흥분돼!"

○

서로 바쁜 시간을 쪼개고 쪼개 만나면 거의 음악과 관련된 이야기만 했고, 어쩌다 시간이 생기면 꼭 함께 공연을 보러 갔다. 하다못해 집 앞에 밥을 먹으러 가도 결국에는 음악으로 이야기가 귀결되었다. 우리의 궁합은 그렇게도 참 잘 맞았다. 같이 사는 사람과 관심사가 비슷하면 어떤 일이 벌어지는지를 딱 보여주는 것 같았다. 만나는 시간은 점점 줄어들었지만 하루에 잠깐이라도 방에서 만나 하루를 공유하곤 했다.

패트릭과 나누었던 대화 중 가장 흥미로운 건 바로 에어비앤비 운영에 대한 것이다. 내게 패트릭은 한국 음악을 콘셉트로 한 게스트하우스를 운영해보라고 조언했다. 나의 전문성을 살려보는 게 어떻겠냐는 것이다.

"한국에 숨겨진 보석 같은 음악을 즐기고자 하는 사람들이 분명히 있어."

"에이. 정말 그럴까?"

"진짜라니까? 내가 그 산증인이라고! 한 번 들으면 절대 그 매력에서 빠져나올 수가 없어! 난 그 공연에 다녀온 이후에 라이프앤타임 노래만 듣는다니까? 분명히 외국에도 우연히 한국 밴드 음악을 접하고 팬이 된 사람이 있을 거야. 그런 사람들이 너에게 블루 오션이 될 수 있지 않겠어? 그리고 꼭 그런 사람들뿐만 아니라 한국에서 특별한 곳에 머물고 싶어 하는 사람들에게 너의 방이 대안이 될 수 있지. 한국 음악도 알리고 말이야!"

"흠…."

난 쉽게 그의 말에 대답할 수 없었다. 나도 관심은 있었지만 그렇게 되면 에어비앤비를 운영하는 데 더 많은 에너지가 필요할 거다. 돈도 벌고 새로운 사람과 여행도 하는, 몸과 마음이 다 풍족한 생활을 유지할 수 있을지 장담하기 힘들다.

"나도 그런 곳이 필요하다고 생각하고, 한번 해보고 싶은 욕심도 있어. 그래도 우선은 좀 더 경험을 쌓고 그때 시작해볼게. 고마워."

"너는 분명 잘할 수 있을 거야. 지금도 잘하고 있는걸."

"말만이라도 고맙다!"

난 진심으로 그의 조언에 감사를 표했다. 그래, 언젠가 매일매일 멋진 여행과 공연을 즐길 수 있는 이벤트 호텔을 만들어보는 것도 좋을 거야.

○

패트릭이 머문 지 근 1달, 그는 조심스레 내게 이별을 고했다. 셋

방살이를 끝내고 본격적으로 동기들과 한 아파트에 들어간다고 했다. 조금 아쉬웠지만 우리 집보다는 아파트가 더 따뜻할 것이다.

패트릭에게는 그에게 맞는 아듀 파티를 베풀었다. 바로 유럽 투어를 마치고 온 '솔루션스'란 밴드가 투어 중 함께했던 프랑스 밴드 '메이크더걸댄스(Make the girl dance)'란 팀과 합동 무대를 펼치던 날이었다. 디제잉과 밴드 공연이 결합된 파티 형태의 공연이었기에 파티 문화에 익숙한 패트릭에게 어울릴 것이라 생각하고 그에게 참여를 권했다. 장소는 합정동에 새로 생긴 공연장 '라디오 가가홀'로 메세나폴리스 인근에 위치하고 있다. 수많은 라이브 공연장이 있는 홍대에서 조금은 떨어져 있지만 특유의 차분한 분위기가 오히려 독특하다.

지하 깊은 공연장으로 천천히 들어가 음악에 몸을 맡겼다. 그리고 언제나처럼 금방 뜨거워졌다.

한편 서글퍼졌다. 어디 멀리 가는 게 아니라 계속 서울에 있을 텐데 마치 어디 떠나는 사람을 배웅하는 마지막 파티 같았다.

그날 나와 패트릭은 그 어느 때보다 많은 이야기를 나눴다. 그는 같이 음악 여행을 하는 것뿐만 아니라 앞으로 사업도 해보라고 신신당부했다. 자신이 미국과 한국을 오가며 음악 관련 일을 계속 할 텐데, 내가 만들 공간의 홍보를 도맡아 해주겠다는 것이다.

말이라도 고맙네, 동생.

○

셰어하우스에 들어간 패트릭이 걱정되어 얼마간은 참 머리가 복잡했다. 그 친구, 추위를 정말 많이 타는데 그 집은 괜찮나 몰라.

하지만 얼마 지나지 않아 말 그대로 거지가 부자 걱정해주는 꼴이라는 걸 알게 되었다.

마지막 파티 때 패트릭이 모델 같은 훤칠하고 잘생기고 예쁜 친구들을 잔뜩 데리고 와서 조금 놀랐는데, 그때는 그냥 어학당 다니는 사람들 중에 화려한 스타일이 많나 보다 하고 가볍게 생각했었다.

그런데 체크아웃 몇 주 뒤 패트릭과 술 한 잔 마시기로 하고 약속장소 근처로 나갔는데… 정말 깜짝 놀랐다.

몸에 잘 맞는 맞춤 정장에 페라리를 몰고 온 패트릭 비슷한 사람이 있기에 처음에는 정말 패트릭을 많이 닮았다며 신기하게 생각했다. 우리 집에서 추위에 덜덜 떨며 마른 몸을 후줄근한 반팔 반바지 밖으로 보여주었던 가여운 친구와는 너무도 달랐기에 동일인이라고는 상상조차 하지 않았다. 그런데 그 남자가 "재원!" 하고 나를 부르는 게 아닌가?

그날 패트릭은 눈이 휘둥그레진 나를 압구정의 고급 바에 데리고 갔다. 그의 변신이 너무 놀라운 한편 재미있고 또 흥미로웠다. 이 정도의 재력이면 내 집은 쳐다보지도 않는 게 정상 아닌가?

"너! 왜 우리 집에 온 거야?"

"말했잖아! 너 뮤직 비즈니스하는 사람이라서!"

"정말 그게 다란 말이야?"

그날의 충격은 아직도 잊지 못한다.

2016년 4월 미국에 돌아갈 예정인 패트릭은 연세어학당에서 열심히 한글을 공부하는 한편 틈나는 대로 다양한 한국 음악들도 만나는 중이다. 유쾌하지만 자신의 일에서는 최선을 다하고, 또 반전 경제력(?)도 선보인 그는 지금도 종종 안부를 물어온다.

재원, 우리 한번 달릴 때 되지 않았어?!

14.

닉&퍼스,
합정동에서
할랄푸드 레스토랑을 찾다

NICK & PUS

FROM MALAYSIA

이름

닉 & 퍼스

/

국적

말레이시아

/

한국 방문 목적

세계여행의 완성 과정

/

이 방을 고른 이유

후기가 좋기에

/

특이사항

이슬람교도로서 먹는 데 까다로움

'프로' '전문' 여행꾼

/

호스트와의 인연

호스트가 발상의 전환을 할 수 있게 도와줌

내 방에는 동남아시아 사람들이 잘 오질 않는다. 에어비앤비 운영 초창기에 유럽과 미국 사람들이 많이 왔는데, 아마 같은 나라 사람이 남긴 후기가 있으면 이걸 보고 방문하게 되어 계속 비슷한 나라 사람들만 오는 것이 아닐까 추측해본다.

　하지만 나는 태국이나 대만 같은 동남아시아 여행을 굉장히 좋아한다. 느긋한 분위기와 살짝 더운 날씨, 사람들의 친근함이 나와 맞는다. 심지어 외국에 나가면 대만 사람이 아니냐는 질문도 꽤 많이 받는다. 중국인이나 일본인으로 오해받는 경우는 많아도 대만 사람 같다는 이야기는 듣기 쉽지 않은데 말이다. 이런저런 이유로 혼자서 동남아시아와 스스로 가깝다고 생각하는 나는 그쪽 나라 사람들을 간절히 기다렸건만 2014년이 다 가도록 메이와 글렌든 빼고는 아무도 우리 집을 찾지 않았다.

　그런데 드디어 동남아시아 친구들이 우리 집을 찾았다.

　말레이시아의 수도인 쿠알라룸푸르 출신의 닉과 퍼스. 동남아시아 남자들 특유의 친화력 덕분에 우리는 금방 친해졌다. 그 물꼬를 튼 주제는 역시나 내 얼굴. 내가 대만 사람처럼 생겼냐는 질문에 닉은 배꼽을 잡으며 약간 그런 느낌이 난단다.

○

닉과 퍼스는 모두 독일에서 엔지니어링을 공부하고 있는 친구들로 이미 서른 개가 넘는 나라를 여행한 경험이 있다고 했다. 그들은 말 그대로 여행꾼들이다. 몇 가지 주요 관광 포인트만 정하고 나머지는 현지에 와서 생각해보는 과격한 여행자 스타일로 결코 여유롭게 시간을 즐기지 않았다. 상대적으로 느긋한 영미권 친구들과 가장 대조적인 점이다. 오전에 연락하면 명동, 오후에 전화하면 강남, 저녁에 연락해서 어디냐 물으면 종로에서 저녁 먹고 있는 식이었다.

게스트의 서울 여행을 책임지는 호스트이자 명색이 자칭 합정동 도시 여행자인 나인데 그들 앞에서는 한없이 존재 가치가 떨어졌다. 다른 게스트들은 다들 내가 안내하는 합정동 여행을 기대하고 내 방을 찾았다던데, 이 사람들은 뭘까. 이렇게 내게 관심을 가져주지 않는 무심한 게스트들은 처음이어서 약간 서운한 감정까지 들었다. 우리 친해진 거 아니었어?!

나 없이도 너무 잘 돌아다니는 그들에게 난 조심스레 메시지를 넣었다.

닉! 퍼스! 소위 내 손님인데 나한테 얼굴을 너무 안 보여주는 거 아냐? ←
무슨 여행을 이렇게 하드코어하게 다녀!
→ 아… 그런 거야?

우리 저녁 한번 먹자. 보통은 그렇게 하는데 말야! ←┘

┆→ 그래? 저녁 좋지. 그럼 언제?

이왕 만나기로 한 거 빨리 보자. 오늘 7시쯤 어때? ←┘

홍대의 맛있는 가게를 소개해줄게. 괜찮아?

┆→ 오케이. 그럼 이따 저녁에 홍대에서 보자!

오는 길은 알아? 가르쳐줄까? ←┘

┆→ 아냐, 우리 이제 서울 지하철 완전히 마스터했어. 하하하.

대단하다 정말.

○

어렵게 저녁 약속을 잡고 퇴근 후 상기된 마음으로 약속 장소인 상수역으로 향했다. 이미 수차례 게스트들에게 이 동네의 보석 같은 곳들을 많이 소개해왔기에 머릿속에는 이미 닉과 퍼스를 만족시켜줄 큰 그림이 몇 개나 그려져 있었다. 어떤 메뉴를 선택하든 끝장을 내주리라. 동남아시아 여행 때마다 내게 늘 멋진 추억을 안겨주었던 동남아시아 친구들처럼 나도 닉과 퍼스에게 똑같이 베풀어주고 싶었다.

저 멀리 상수역 1번 출구에서 나오는 그들을 발견했다. 두리번거리는 그들의 모습이 영락없는 여행자다.

"닉! 퍼스! 많이 춥지?"

"괜찮아. 와, 상수역은 또 처음이네."

"어떤 곳으로 갈까? 여긴 정말 멋진 곳이 많아. 좋아하는 음식 종류만 말해. 내가 책임지고 안내할 테니."

자신만만하게 가슴을 두드리는 나에게 닉과 퍼스가 손사래를 치며 말했다.

"우린 특별히 그런 것 없어. 다 잘 먹을 수 있어."

"그렇군!"

하지만 퍼스가 문득 던진 한 마디에 몸이 얼어붙었다.

"다만 우리가 무슬림이라 할랄푸드였으면 좋겠어."

"…?"

할랄푸드.

단순히 돼지고기만 먹지 않으면 되는 거라고 알고 있는 사람들이 많은데 천만의 말씀. '할랄'이란 '허락된 것'이라는 뜻이다. 즉, 이슬람 율법이 정한 재료를 이슬람 율법이 정한 방법대로 조리해야만 할랄푸드라고 할 수 있다. 따라서 쇠고기도 율법대로 도축한 것이 아니면 할랄푸드가 아니다!

망했다.

홍대에 그런 가게가 있다는 얘기는 들어본 적이 없다. 이태원 쪽에는 있겠지만 저녁 7시가 넘은 시간에 우사단로까지 갔다가 다시 홍대에 오는 건 밥을 먹고 또 장소를 이동해야 하는 이 친구들 입장에서도,

다음 날 출근을 해야 하는 내 입장에서도 힘들다. 어떻게든 홍대에서 저녁 식사를 마쳐야 한다.

지금까지 막힘이 없던 내가, 그것도 나의 홈그라운드인 홍대 한복판에서, 어디를 가야 할지 전혀 생각이 나지 않는 초유의 사태가 벌어지고 있다.

어리벙벙 말을 못 잇는 나를 보고 퍼스는 이러한 상황이 익숙하다는 듯 내게 조언을 한다.

"해산물은 무엇이든 괜찮아."

"응 그렇구나. 해산물 요리라…."

안심한 것도 잠시. 막상 머릿속에는 쓸데없는 횟집만 잔뜩 스쳐갔다. 아무리 이 친구들이 남의 나라 문화에 개방적이라 해도 날생선에는 거부감이 클 터. 그렇다고 비싼 시푸드 레스토랑을 갈 수도 없고 말이다. 이러지도 저러지도 못하고 있는데 불현듯 내 일상 속 훌륭한 해산물 전문점이 떠올랐다.

'그래, 거기야!'

○

'홍대 고갈비'에 도착한 시간은 저녁 7시 45분. 벌써 한 무리가 회식을 즐기고 있다. 언제나 나와 있는 이 집 고양이도 새삼 반갑다. 잠깐의 엄청난 혼란 이후 생각해낸 고갈비 집은 내게 태풍 속 쉼터와 같았다.

고갈비. 석쇠에 굽는 고등어구이를 부르는 부산말로 홍대 고갈비에서는 이 가게만의 특제 양념을 발라 구운 고갈비를 맛볼 수 있다. 이들에게 음식에 대한 설명을 해주자 훌륭한 할랄푸드 같다며 냉큼 나를 따라온 것이다.

이곳을 선택한 또 다른 이유는 닉과 퍼스에게 한국의 꾸미지 않은 실내 포장마차 분위기를 보여주고 싶어서이기도 하다. 이 가게의 내부에는 전선이며 조명이 어지럽게 얽혀 있고 잡동사니들이 쌓인 오래된 선반들이 빼곡한데 이것이 오히려 멋스런 분위기를 연출한다. 닉과 퍼스도 연신 두리번거리며 분위기가 아주 좋단다. 우리는 앉아서 이곳의 대표 메뉴인 고갈비를 주문했다. 곧 이모님이 어묵탕과 무말랭이, 연두부를 가져다주었다.

"그런데 이 하얀 건 뭐야? 먹어도 되는 걸까?"

닉이 가리키는 건 바로 연두부. 흠칫 놀라 휴대폰으로 열심히 검색했다.

"이건 콩과 소금물로 만든 거야."

내 말에 닉은 안심하고 먹기 시작했다. 누구나 좋아할 수밖에 없는 맛인지 그들의 얼굴이 순하게 풀렸다. 그 와중에 나는 어묵탕과 무말랭이가 할랄푸드의 조건에 맞는지 열심히 검색하고 닉과 퍼스에게 확인을 받느라 정신이 없다.

그리고 밑반찬들이 바닥을 드러낼 때쯤 지글지글 구워
진 고갈비가 향긋한 양념 옷을 입고 우리 앞에 등장했다.

"와~!"

모두의 입에서 동시에 탄성이 터졌다. 아주 훌륭한 할랄푸드다! 닉
과 퍼스는 연신 사진 찍기에 여념이 없다. 맛있는 것을 보면 사진부터
찍는 것이 나와 똑 닮았다.

곧 우리는 무섭게 젓가락질을 시작했다. 젓가락질 하나는 정말 속
시원하게 잘하는 친구들이었다. 덕분에 고갈비는 처음의 늠름한 자태
를 잃고 순식간에 하얀 뼈를 내보였다.

닉과 퍼스가 연신 엄지를 추켜올린다. 지금까지 한국에서 먹었던
음식 중에 최고란다.

그래, 바로 이 맛이지.

티는 내지 않았지만 콧대가 솟아올랐다.

○

나는 이들의 리액션에 힘입어 조금 더 파격적인 두 번째 메뉴를
주문했다. 물론 재료를 미리 말해주고 할랄푸드인지 묻는 건 기본. 바
로 굴전인데, 깔끔하게 구워져 나오는 스타일이 아니라 계란에 양파와
파를 풀어 굴을 담근 다음 한꺼번에 건져 대충 부친 가정식 굴전이다.

이 가게에서 고갈비만큼이나 내가 좋아하는 메뉴. 하지만 닉과 퍼스는 조심스레 젓가락으로 반 입 베어물더니 살짝 멈췄다. 그리고 약간 당황한 표정으로 서로를 쳐다보았다.

"음… 익숙한 맛은 아닌 것 같아."

"그치? 좀 느낌이 묘해."

이번에는 실패인 건가. 하긴 굴은 비린내가 심하고 식감이 물컹해서 호불호가 갈리는 음식이다. 그래도 아쉬운 마음에 너희가 굴을 못먹어서 안타깝다고 잔뜩 너스레를 떨어보았다.

"굴은 남자 몸에 아주 좋다고 알려져 있어. 한국의 대표 보양식이지. 특히 겨울에 난 굴은 더욱 효력이 좋대. 나 혼자만 먹으려니 좀 미안한걸?"

내 말을 듣고 다시 시도하면 좋은 거고 아니면 마는 거고. 선택은 각자의 몫. 그런데 닉이 조심스레 굴전 먹기에 다시 도전해본다. 굴의 비린내를 가려주는 간장을 잔뜩 묻히더니, 눈을 질끈 감고 입에 넣어 억지로 씹는다. 그걸 보며 퍼스가 깔깔 웃었다.

닉은 여자친구를 정말 많이 사귀어봤다고 한다. (그래서 남자에게 좋다는 굴을?) 생각해보니 닉의 페이스북에 있던 사진이 범상치가 않았다! 히잡으로도 가려지지 않는 미모의 젊은 여성들 사이에서도 여유가 넘치던 닉의 표정과 포즈. 여자들이 많아지면 일단 당황하고 보는 나와는 정말 대조적이었다.

"그래, 닉의 페이스북 프로필 사진에 온통 여자뿐이었어!"

"걔넨 그냥 봉사활동을 같이 하는 친구들일 뿐이라고!"
"재원, 그중에 닉이 최근에 사귀었던 여자가 누구냐면….”
"퍼스, 시끄러워!"
우리는 닉의 연애사를 안주 삼아 고갈비에서 즐거운 식사를 했다.

○

그 일이 있고 나서 나는 게스트를 받을 때 그 나라의 문화에 대해 더욱 철저히 조사한다. 동남아시아 사람들을 그렇게 기다렸으면서 그들의 특징은 무엇인지, 진정으로 필요한 것이 무엇인지 알지도 못했다. 많이 부끄럽고 또 반성이 되었다.

하지만 동시에 멋진 관점의 변화도 생겼다. 평소 내가 다니는 평범한 가게도 무슬림에게는 멋진 한국식 할랄푸드 레스토랑이 될 수 있다는. 동태찌개, 북엇국, 고등어조림, 아구찜 등등. 무궁무진하지 않은가?

한번 실수를 겪고 나면 더욱 끈끈해진다. 이들과는 이후에도 계속 연락을 주고받았는데, 닉은 우리 집을 다녀간 지 6개월 만에 결혼 소식을 알려오며 말레이시아로 나를 초대했다. 일이 바빠 안타깝게도 초대에 응하지는 못했지만 그의 멋진 결혼과 사랑스러운 신혼생활을 진심으로 축복한다.

닉과 퍼스가 언제 다시 오든, 나는 그들에게 멋진 할랄푸드를 대접할 준비가 되어 있다.

15.

후자이파이,
어딘가 수상한 게스트

HUZAIFAH

FROM SINGAPORE

이름

후자이파이

/

국적

싱가포르

/

한국 방문 목적

친구들을 만나러!

/

이 방을 고른 이유

안전해 보여서(?)

/

특이사항

무려 밤 11시에 체크인을 함

내추럴본 길치

/

호스트와의 인연

그 누구보다도 정성스러운 에어비앤비 후기를 써줌

무서워서 어떻게 에어비앤비를 하냐고 묻는 지인들이 있다. 게스트가 어디에서 무엇을 하다 왔는지도 모르는데 혹시 이상한 사람이어서 내게 해를 끼치거나 물건을 훔쳐가면 어떻게 하냐고 말이다.

하지만 게스트 혹은 게스트의 지인들이 오히려 호스트인 내가 이상한 사람이 아닐까 염려하는 경우가 훨씬 많다. 특히 에어비앤비와 관련된 불미스러운 소식들이 들려올 때마다 여행자들의 걱정이 완전히 기우는 아니구나 실감하게 된다.

○

후자이파이의 등장은 마치 영화 〈맨인블랙〉 같았다.

나는 지금 성산초등학교 앞에 왔어. 어디 있어?

그래? 어디야? 안 보이는데?

지금 손을 흔들고 있어. 안 보여?

유독 조심스러운 이 게스트는 쉽게 자신의 모습을 보여주지 않았다. 심지어 손을 흔들고 있는데 한 번 빙글 돌아보라고 시킨다. 황당하기 짝이 없었다.

지금 뭐하는 거야? 어디 있는지 알려줘야 손을 흔들든 돌든 하지. ←

그때 갑자기 바로 옆에 세워져 있던 검은 차의 문이 열리고 한 여자가 흑발을 휘날리며 내린다. 나보다 키가 적어도 5센티미터는 큰 것 같았고, 넓은 어깨와 두툼한 팔뚝이 딱 봐도 힘이 세 보였다. 게다가 저녁 11시에 선글라스를 끼고 있었다. 그녀는 나를 위아래로 훑어보더니 굳게 닫혀 있던 얇은 입술을 열었다.

"혹시 그쪽이 게스트하우스의 호스트?"

냉기가 풀풀 날리는 말투. 억양으로 보아 인도인 같다.

내 집에서 묵기로 한 사람은 남자인데, 이 여자는 대체 누구지?

"저기… 내 게스트 후자이파이는 어디에 있는지…?"

그녀는 고개를 살며시 끄덕이더니 차의 창문을 툭툭 친다. 이내 차에서 두 번째 여성이 내렸다. 그녀는 첫 번째 여성만큼이나 큰 키에 발목까지 오는 검은색의 좁은 치마와 꽉 끼는 가죽 재킷을 걸치고 긴 머리를 틀어 올려 비녀를 꽂고 있었다. 역시나 크고 검은 선글라스 너머로 나를 아래위로 스캔한다. 집에서 자다가 허겁지겁 나온 후줄근한 추리닝 차림의 30대 평범한 남성에게서 무엇을 캐내려고 하는지 도무지 알 수가 없었다.

탐색이 끝났는지 그녀들은 자동차 뒷좌석의 문을 열었다. 드디어 둥글둥글하고 천진난만한 얼굴의 후자이파이가 두꺼운 더플코트를 입고 나타났다. 지금까지의 분위기로 봐서는 번쩍이는 가죽 재킷과 길게 땋은 드레드 헤어스타일에 시가라도 물고 내릴 줄 알았는데, 이 사람이 정말 후자이파이가 맞나 싶다. 그는 싱글벙글 웃으며 내게 다가와 악수를 청했다.

"재원, 내가 헤매다가 너무 늦었지. 미안해."

○

그들을 모두 데리고 우리 집으로 향했다. 실은 여자들이 일방적으로 따라붙었다고 해야 맞다. 대체 누구냐고 묻고 싶었지만 이미 완전히 압도당한 나는 그런 걸 물어볼 정신이 아니었다.

낡은 문을 열자마자 여성들이 나보다 먼저 집에 쓱 들어서더니 집 안 여기저기를 날카로운 눈으로 살펴본다. 마치 고약한 범죄 현장에 막 도착한 노련한 형사 같았다. 그러더니 그제야 자기들 소개를 한다.

"우리는 후자이의 친구들이야. 이 집이 믿을 만한지 살피러 왔어."

자초지종을 들어보니 그들은 영국에서 함께 공부하던 친구들이다. 각각 다른 나라에서 왔지만 다같이 친해져서 영국에서 몇 년간 가족처럼 지냈다고 한다. 학업을 마친 후 여자들은 한국에 직장을 구했고, 후자이파이는 그녀들을 보러 한국에 놀러 온 것이라고.

그는 영국에서나 싱가포르에서나 너무 착하고 사람을 좋아해서 늘 남들에게 이용당하고 피해만 입었다고 한다. 대학에서야 그녀들이 많이 막아주고 도와주었지만 졸업 이후에는 어쩔 수 없이 떨어지게 되어 늘 걱정이 많다는 것이다. 그런데 후자이파이가 인터넷을 통해 모르는 사람 집에 머문다고 하니 세상살이에 서투른 그가 또 나쁜 사람에게 당할까 염려되어 이렇게 보디가드를 자청하여 왔다고 한다.

설명을 듣고 나니 그들이 왜 이렇게 행동했는지 그 이유를 알 수 있었다. 그래도 정도가 심한 거 아닌가? 화가 많이 났지만, 그래도 그들의 마음이 이해되지 않는 건 아닌 터라 친구들을 안심시키는 게 우선이라고 생각했다.

"여기에서 수많은 게스트들이 안전하게 머물다 갔어. 이 친구도 마찬가지일 거고. 내 방에 달린 후기들을 보면 알 수 있을 거야."

난 진심을 담아서 말했다. 그녀들도 조금은 경계를 내려놓은 듯 서로 고갯짓을 주고받더니 선글라스를 벗었다. 그제야 여자들의 눈이 제대로 보였다.

그녀들이 돌아간 후. 후자이파이는 쩔쩔매는 얼굴로 내게 말했다.

"정말 미안해. 내 친구들이 좀 유별나지?"

"좀이 아니라 많이 유별난 것 같아…."

"이해해. 내가 워낙 사고를 많이 쳐서 그래. 저 친구들 아니었으면 졸업도 제대로 못했을 거야. 아, 이제 후자이라고 편하게 불러줘."

"그래도 그렇지 참…. 아무튼 먼 길 오느라 수고했어, 후자이. 어서 쉬어."

"고마워. 잘 자, 재원!"

○

그렇게 평온해질 줄 알았던 그와의 동거는 예상대로 흘러가지 않았다. 그는 종종 갑자기 연락해서는 홍대에서 완전히 길을 잃었다며 어떻게 하냐고 묻곤 했다. 그런데 가보면 항상 집 근처에서 헤매고 있어 나를 당황케 했다.

"후자이, 여기 바로 뒤가 집이잖아. 바로 저기."

"어, 진짜네? 난 왜 못 찾았지?!"

너무 바빠 바로 나갈 수 없을 때는 천천히 길을 알려주어 합정역 근처의 스타벅스에 머물게 한 뒤, 하고 있던 회사 일을 최대한 빠르게 처리하고 찾아가곤 했다.

그럴 때마다 후자이는 멀리서 내 얼굴을 보고 함박웃음을 지으며 안도했는데, 그 미소가 너무 귀여웠다. 마치 엄마를 잃어버렸다 다시 찾아 행복해하는 새끼오리 같았다. 그는 마치 내가 지옥에서 자신을 건져준 사람인 것처럼 연신 고맙다는 인사를 하곤 했다.

솔직히 말해 난 그런 후자이가 싫지 않았다. 도리어 즐겁기 짝이 없었다. 미아(?)를 구출하여 집으로 함께 가는 길에 그와 두런두런 나누던 이야기가 항상 재미있었기 때문이리라.

○

이렇게 귀엽고 천진난만한 친구와 데이트 한 번 하지 않고 넘어갈 수 없다. 저녁 식사를 함께 하기로 하고 우리는 시끌벅적한 홍대에서 만났다.

"어떤 걸 먹고 싶어?"

"나는 무슬림이야."

게스트의 종교가 무엇이냐에 따라 어떤 걸 먹을지 이미 다 생각해 놨기 때문에 나는 후자이의 말에 전혀 놀라지 않고 자신 있게 목적지로 향했다. 새삼 닉과 퍼스에게 감사하게 되는 순간이다.

우리가 간 곳은 '풍류'. 상수·합정 일대에서 먹을 만한 점심 백반을 파는 몇 안 되는 가게로 저녁에는 요리주점으로 변하는 곳이다. 남들은 홍대 인근에 직장이 있다고 하면 끼니마다 맛있는 걸 골라먹을 수 있겠다며 부러워하지만 그건 비싼 요릿집들 이야기지, 직장인들이 점심시간에 만만하게 먹을 만한 밥집은 별로 없다. 그러니 이 가게로 사람들이 몰릴 수밖에. 점심시간에는 자리싸움이 너무나 치열해 12시에서 딱 2분만 늦게 가도 앉을 곳이 없어 하염없이 기다려야 한다.

개인적으로는 저녁 메뉴보다 점심 백반이 맛있다고 생각하지만 저녁 메뉴 중 대표 주자를 꼽자면 단연 호박부추전이다. 그 누구도 이 가

게 사장님보다 호박부추전을 얇고 바삭하게 구울 수 없다고 단언할 수
있다.

　음식을 앞에 두고 아주 흡족해하는 후자이의 얼굴을
찍었는데 참 사람 좋은 미소다. 둘이서 먹기에는 다소 많
고, 후자이가 먹기에는 좀 매웠지만, 우리는 깔깔거리며
한국식 수프의 대표격인 동태찌개를 시원하게 비워냈다.

　이날 후자이와 많은 이야기를 나누었다. 영국에서 뭘 배웠냐고 물
어보니 다름 아닌 뮤지컬이라고. 그제야 후자이 친구들의 출중한 외모
가 이해가 갔다.

　그는 싱가포르에서 초등학생들에게 뮤지컬로 영어를 가르친다고
한다. 한국에도 그런 수업이 있을 수 있겠지만 아마 방과 후 교실이지
않을까? 하지만 싱가포르에서 뮤지컬 영어 수업은 정규 교육과정에 배
정되는 중요한 과목이란다.

　"딱딱하게 책상에 앉아서 영어의 문법을 배우는 거? 물론 중요하
지. 하지만 언어는 본질적으로 표현의 수단이잖아. 그렇기 때문에 표
현하는 즐거움을 먼저 경험하게 해야 해. 뮤지컬에서 대사를 표현하듯
즐겁게 영어로 자신의 감정을 표현하도록 학생들을 이끌고 있어. 실제
로 교육 효과도 엄청나."

　우리나라 사람들이 음악을 얼마나 좋아하는데, 후자이 같은 선생
님한테 영어를 배우면 얼마나 좋을까. 성문영어 문법 교재를 호기롭게

펼쳤다가 포기하기를 수차례, 결국 감으로 수능을 친 나로서는 그저 부러운 이야기일 수밖에 없다.

발랄했던 재키도 그렇고 착하고 수더분한 후자이도 그렇고, 게스트들을 통해 영어를 재미있게 공부하는 길이 이리도 많다는 걸 느낀다. 우리나라에서도 영어를 이렇게 배우면 얼마나 좋을까.

○

"재원, 덕분에 너무 잘 지냈어!"

"별말씀을. 내가 더 즐거웠어."

"그런데 재원, 'Thank you'를 한국어로는 뭐라고 발음해?"

"아, '감사합니다'라고 발음해."

마지막으로 후자이는 따뜻한 포옹을 남기고 다시 싱가포르로 돌아갔다.

그리고 며칠 뒤.

후자이파이가 남긴 내 숙소에 대한 후기를 읽고 빵 터지지 않을 수 없었다.

재원의 숙소는 공항 및 서울의 여러 곳으로 이동하기에 좋은
합정역에서 매우 가깝습니다. 그리고 각종 시설도 가까이에
있어서 편리했고요. 호스트 이야기를 하자면, 재원은 그야말
로 훌륭했습니다! 그는 내가 길을 잃었을 때 자주 나를 구출
해주었어요. 친절하고, 따뜻하고, 친근하고, 남을 기꺼이 도
와주는 사람입니다. 나는 때때로 내가 집에 있다는 듯한 느낌
을 받았습니다. 벌써부터 서울이 그리워요. 돌아갈 수 있으면
정말 좋을 텐데. 정말 멋진 시간을 보냈습니다!

Gamsahamida, 재원!

16.

빅터,
셰프를 그만두고
디지털 노마드가 되다

VICTOR

FROM SPAIN

이름

빅터

/

국적

스페인

/

한국 방문 목적

일도 하고 친구도 사귀고

/

이 방을 고른 이유

홍대 · 상수 · 합정 카페 투어를 위해

/

특이사항

(전직) 셰프님
아닌 건 아니라는 단호함

/

호스트와의 인연

유목민으로서 한 수 가르쳐줌

에어비앤비에서 받은 빅터의 쪽지. 자신은 전 세계를 돌아다니며 SNS 어플리케이션을 홍보하는 일을 하고 있는데, 업무 겸 여행을 하느라 일본에 3개월 동안 있었고 다음 목적지인 한국을 방문하고 싶다는 내용이었다. 한마디로 전형적인 '디지털 노마드', 즉 노트북 하나 달랑 들고 전 세계에서 일하는 그런 신기한 사람이었다.

　그런데 정작 나를 사로잡은 것은 그의 소개글이었다. 한 문구를 보고 눈이 번쩍 하는 느낌이었다.

　'저는 밀라노에서 요리사로 12년을 일했습니다.'

　경력 12년의 이탈리아 셰프가 우리 집을 방문한다!

　지금까지 내 집에 묵은 사람들 중 요리사는 한 명도 없었다. 난 평소와 다르게 이렇다 할 대화도 없이 넙죽 예약을 받았다. '어쩌면 우리집 작은 주방에서 몇 안 되는 재료로 마법 같은 파스타를 만들어 줄지도 모르잖아!'라는 말도 안 되는 상상을 하며.

○

　빅터의 예약을 받을 때 나는 회사 워크숍 때문에 대만에 있었다.

공교롭게도 빅터와 나는 같은 날 한국에 도착했다. 비행기 시간도 비슷해 아예 공항에서 만나서 갈까 했지만 동료들 눈치도 있고 하여 그냥 합정역에서 보기로 했다.

따뜻한 대만에 며칠 있었다고 한국의 추위가 매우 낯설었다. 어깨에 걸친 큰 여행가방 하나가 옆을 스쳐 지나가는 평범한 겨울 복장의 사람들과 나를 갈라놓았다. 헐렁한 티셔츠, 검게 그을려 스트레스라고는 없는 편안한 얼굴. 나는 누가 봐도 갓 한국에 도착한 여행자였고 그런 내게 합정동은 여행지였다.

동료들과 헤어지고 카페에서 잠깐 커피를 마시며 빅터를 기다렸다. 집에 짐을 두고 와도 될 정도의 시간 여유가 있었지만 왠지 그러기 싫었다.

그리고 카페로 들어오는 빅터.

우리는 한눈에 서로를 알아보았다. 첫인사를 나누자마자 각자 여행했던 도시에 대해 이야기를 나누며 한참을 앉아 있었다.

빅터는 이탈리아 사람답게 커피를 사랑한다고 한다. 내 집에 온 것도 카페 투어를 하려고 합정역 인근 숙소를 찾은 것이다. 특히 작은 로컬 카페들을 좋아하는데 호스트가 그런 카페들을 많이 소개해주리라 기대한다고. 오냐, 그 기대에 부응해주마. 우리는 숙소에 짐만 풀고 바로 카페 여행을 가기로 의기투합했다.

캐리어를 끌고 집으로 가는 길. 누가 보면 호스트와 게스트가 아니

라 이탈리아 사람과 대만 사람이 함께 숙소를 찾아가는 줄 알았을 것
이다. 피식피식 웃음이 나는 와중에도 나는 머리를 데굴데굴 굴리며
어디로 안내해야 빅터가 조금이라도 더 좋아할까 생각했다.

　"내가 이탈리안 요리를 하는 괜찮은 친구를 아는데 그 친구가 일
하는 가게에 잠시 들를래? 이탈리아에서 공부해서 이탈리아어를 엄청
잘해."

　"오 그래? 가자!"

○

　빅터는 쓰리고에 처음 온 것이 분명한데 카페와 정말 잘 어울렸
다. 작은 체구에 더 작은 두상. 레옹을 연상시키는 짧은 머리에 오뚝한
코. 부드러운 눈가 주름과 푸근한 미소 위에 걸린 부드러운 콧수염. 여
유와 연륜이 동시에 느껴지는 그는 홍대며 합정 인근에서 주말을 즐기
는 외국인 특유의 분위기를 가지고 있다.

　"내 고향에도 여기처럼 작은 카페들이 많았어. 일이 끝나면 종종
들러서 동네 친구들과 놀곤 했는데 여기 오니까 또 생각난다. 왠지 반
갑네."

　그때 주방에서 마지막 요리를 끝내고 퇴근 준비를 마친 빈이가 나
왔다. 빈이는 쓰리고에서 일하는 요리사로, 이탈리아에서 요리 공부를
했다. 졸업 후 한국에 돌아와 일을 해보니 척박한 현실에 지치기도 하

고 이탈리아에서 피어올랐던 열정도 영감도 사그라드는 것 같다며 힘들어하고 있었다. 설상가상 힘들게 배운 이탈리아어를 쓸 곳도 없어서 점점 잊어버리고 있다며 아쉬워했다. 학교 다니던 시절을 너무나 그리워하고 있는 그에게, 예전부터 이탈리아에서 게스트가 오면 꼭 한 번 데리고 와서 이탈리아어를 마음껏 쓸 수 있게 해주기로 약속했던 것.

빅터와 가게에 도착하기 전에 나는 빈이에게 문자를 보냈다.

> **너한테 소개해주고 싶은 사람이 있어. 이 친구 이탈리아에서 12년 동안**
>
> **셰프로 일했대. 그런데 오늘 가도 괜찮겠어?**
>
> **정말이에요 형? 좋아요! 당연하죠!**

나는 부푼 마음으로 내 자리를 빼서 빈이와 빅터를 나란히 앉힌 후 서로를 소개해주었다.

"너희 둘은 이탈리아어로 대화할 수 있으니까, 만나면 좋을 것 같았어."

그들은 눈인사를 주고받더니 조심스레 이탈리아어로 툭툭 몇 마디 주고받는다. 그러더니 이내 크게 한바탕 웃고는 하이파이브를 하는 것이 아닌가? 예측하건대 이런 대화일 것이다.

"너 진짜 이탈리아어 할 줄 알아?"

"물론이지!"

"내가 이런 데서 이탈리아어를 쓸 수 있는 널 만나다니!"

"나야말로 반가워!"

그들은 중간중간 서로를 때리기도 하고 껄껄 웃기도 하면서 급속도로 친해졌다. 처음에는 이들을 만나게 해주었다는 것만으로 즐거웠는데, 한 마디도 못 알아들으며 멀뚱멀뚱 앉아 있으니 왠지 내가 꿔다놓은 보릿자루 같다는 생각이 들기도 했다. 사람 마음이 이렇게 간사하다. 애초에 이들의 대화를 가만히 듣고 앉아 있으려고 만나게 해준 건데. 서운한 마음 같은 건 넣어두자, 넣어둬.

동네 여행을 하며 또 하나의 즐거운 점은 이렇게 나로 인해 새로운 인연들이 만들어지는 장면을 보는 것이다. 빅터는 낯선 한국에서 말이 통하고 또 요리라는 공통 관심사를 가지고 있는 친구가 매우 반가웠다고 한다. 빈이 역시 이탈리아의 추억을 되짚어볼 수 있어서 너무 좋았다고 한다. 특히나 이탈리아어를 원 없이 할 수 있어 뿌듯했단다.

나중에 빈이에게 무슨 대화를 했는지 물었다. 실은 그들이 종종 나를 곁눈질하며 뭐라 뭐라 이야기를 하길래 내 뒷담화가 있는지도 궁금했다. 대부분 음식과 레스토랑 이야기였다고 한다. 기운 빠져.

"형, 그런데 빅터가 마지막으로 일한 데가 '산디니스타(Sandinista)'래요. 깜짝 놀랐어요."

"그게 왜 놀랄 일이야?"

"거기, 이탈리아 북부에서 정말 유명한 레스토랑이거든요. 게다가 중간 셰프였대요!"

"그게 대단한 거야?"

"그렇다니까요! 엄청 대단한 사람을 게스트로 모신 것을 행운으로 아세요."

○

여기서부터 내 의문이 시작되었다.

빅터는 SNS 채널을 통한 온라인 마케팅 일을 한다. 한 마디로 프리랜서 마케터라고나 할까. 셰프의 다음 직업으로는 꽤 황당한 행보가 아닐 수 없다. 왜 좋은 길 내팽개치고 디지털 노마드의 길을 택했을까? '그런 유명 레스토랑에서 중간 셰프까지 올라가는 게 쉬운 일인 줄 아세요?'라고 외치던 빈이의 목소리가 지금도 귓가를 쩌렁쩌렁 울린다.

그러고 보니 그는 명색이 셰프인데 밥은 꼭 나가서 사 먹는다. 그것도 가장 한국적인 식당에서만. 내가 기대했던 이탈리아식 스파게티는 이미 포기한 지 오래. 무슨 사연이 있는 거지?

어느 날 둘 다 술에 살짝 취했을 때 술기운을 빌려 그에게 솔직하게 물었다.

"빅터, 빈이에게 들었는데 너 엄청 좋은 레스토랑의 셰프였다며. 남들은 다 멋있게 볼 직업인데, 왜 그만뒀어?"

이어진 빅터의 솔직 담백한 대답은 내게 큰 울림을 주었다.

"내가 스페인에서 이탈리아로 건너가서 요리사가 된 게 거의 12년

전이야. 처음에는 다른 나라기도 하고 일도 너무 힘들었어. 시간이 지나니까 조금씩 힘들었던 일도 익숙해지더라? 차츰 직위가 올라갔어. 그렇게 10년이 지났고, 셰프라는 그럴싸한 직함도 달게 되었어. 어느새 내 밑에서 일하는 사람들도 많이 늘어났고. 그런데 말이야. 어느 날 요리를 하려고 뜨거운 불 앞에서 프라이팬을 길들이고 있는데, 문득 이런 생각이 들었어. 내가 지금까지 10년 동안 프라이팬을 잡았는데, 앞으로 10년이 지나도 똑같이 불 앞에서 프라이팬을 잡고 있겠구나."

그렇게 열심히 노력해서 이 자리를 쟁취했건만. 자신의 생활 반경이 결코 변할 수 없다는 걸 깨달았던 것이다.

몇 달 뒤 빅터는 미련 없이 레스토랑을 관뒀다.

그리고 세계를 자유롭게 돌아다니면서도 일할 수 있는 직업을 구했고, 원하는 나라에서 몇 달간 머물며 일도 하고 새로운 친구들도 사귀며 지내고 있다. 그런 식으로 지금까지 프랑스, 독일, 크로아티아, 인도, 베트남, 중국, 일본 등 열 개가 넘는 나라를 여행했다고.

"그래서 지금 좋아? 불안한 건 없어?"

"물론 예전만큼 돈을 많이 벌지는 못하지. 하지만 생활은 충분히 할 수 있어. 그리고 돈과 셰프라는 직함은 이렇게 세계를 자유롭게 여행하며 느끼는 즐거움에 비하면 정말 별거 아냐. 난 지금 내 삶이 아주 만족스러워."

한국 사람들은 반드시 집이라는 게 있어야 한다고 생각한다. 나 역시 합정동으로 거처를 옮길 때 어떻게든 투룸을 구하겠다며 발이 닳도록 뛰어다녔고. 반면 빅터는 돈도 명예도 버리고 스스로 유랑의 길을 택했다.

어느 것이 더 좋거나 옳다고 딱 잘라 말할 수는 없지만, 인생을 보는 내 시야가 한층 더 넓어진 느낌이다.

이런 삶도 가능하구나.

○

내공 있는 삶의 철학에 반해 빅터의 평소 모습은 장난꾸러기 같았다. 내가 '모기 톤'이라 놀리는 독특한 목소리와 익살스런 표정으로 사람들을 항상 즐겁게 해주었다.

무엇을 제안하든 그는 큰 고민 없이 항상 '그래~ 하자!'라며 적극적으로 나선다. 나는 그처럼 자유롭고 가벼워 보이는 30대 중반의 남자를 한국에서 본 적이 없다. 그가 머무는 내내 나까지 가벼워지는 듯했고, 매일 일상에서 만나는 조급한 과제는 넓고 넓은 세상 속 작은 먼지처럼 보였다. 그가 가진 특유의 자유로움은 남들이 그럴싸하다고 생각하는 것들을 스스로 놓아버리고 직접 만들어낸 것이리라.

우리는 탁 트인 한강에서 종종 조깅을 즐겼다. 그와 함께 있노라면 같은 한강을 바라보더라도 평소에 한 번도 해보지 못했던 생각이 떠오르곤 했다.

"빅터, 나도 너처럼 살고 싶어. 내가 내딛는 땅에 한계를 두고 싶지 않아."

"너는 할 수 있어, 재원. 저 탁 트인 하늘과 물줄기가 결국에는 다른 나라 다른 세상 어떤 곳과도 연결되잖아."

"아자!!"

내가 실제로 처음 만났던 디지털 노마드 빅터. 그가 가진 엄청난 용기와 순수한 미소 그리고 자유로움은, 내게 또 다른 세상이 분명히 존재한다는 것을 가르쳐주었다.

17

조셀린,
나의 첫 비즈니스 코치

JOCELYN

FROM U.S.A.

이름

조셀린

/

국적

미국

/

한국 방문 목적

온리 비즈니스

/

이 방을 고른 이유

각종 장점이 많아서

/

특이사항

냄새가 이상한 시금치 스파게티 마니아
타고난 사업가

/

호스트와의 인연

호스트의 회사 선배이자 스승님

조셀린은 특이한 게스트다.

다른 게스트들에 비해 집에 있는 시간이 절대적으로 길며 나와 밤낮이 완전히 반대다. 오후에 일어나 저녁 내내 노트북으로 서류 작업을 하고 새벽에는 누군가와 길고 긴 통화를 한 후 아침 해가 뜰 때쯤 지친 몸을 이끌고 샤워를 하고 낮에는 쭉 잠을 잔다.

일을 하러 한국에 왔다는 것은 알았지만 정말이지 이런 일벌레는 처음이었다. 항상 일을 너무 많이 해서 게스트들에게 일 좀 그만 하라고 핀잔을 듣는 나인데 조셀린에 비하면 나는 귀여운 수준이다. 한국의 직장인을 일로 이기다니.

그녀는 내가 일을 마치고 들어가는 저녁에 본격적으로 일할 준비를 하는데 이때 의식처럼 만들어 먹는 것이 있다.

바로 시금치 스파게티이다.

처음 집에서 그 향(아니다. 냄새라고 표현하겠다.) 그 냄새를 맡았을 때 내 코를 의심했다. 이미 다양한 국가의 게스트들이 거쳐 갔기에 웬만한 이국적인 향은 쉽게 적응해버리는 나다. 하지만 이건 쉽게 익숙해질 수 있는 성질의 것이 아니었다.

퇴근 후 집에 들어가면 스파게티 면을 삶느라 생긴 수증기에 시금치 냄새가 섞여 온 집 안에 들러붙어 있었다. 현실을 억지로 부정하며 아무리 빨리 주방을 지나쳐 가려 해도 냄새는 따라온다. 자기 방에서 시금치 스파게티를 열심히 먹던 조셀린은 내가 오는 소리에 방문을 벌컥 열고 녹색 입을 환하게 벌리며 내게 인사를 한다.

"지금 온 거야? 고생했어. 스파게티 많이 남았는데 같이 먹을래?"

솔직히 말하면, 무섭다.

○

눅눅하게 겨울비가 내리는 날. 컨디션이 안 좋아 들어오는 길에 쌍화탕 한 병을 사서 마셨다. 집에 들어와 침대에 누웠는데 갑자기 올라오는 메스꺼움에 화장실로 뛰어가 변기를 붙들고 먹었던 걸 다 토했다. 이윽고 벼락처럼 찾아온 고열, 식은땀, 복통. 그리고 계속되는 설사와 구토.

일에 열중하던 조셀린이 물을 마시려고 방에서 나왔다가 화장실 앞에 널브러진 나를 목격했다.

"헉, 재원! 왜 그래!"

조셀린은 안 그래도 큰 눈을 더 크게 뜨고 손으로 입을 가렸다.

"술을 많이 마신 거야?"

"아니 그런 건 아닌데…."

"술 때문이 아니라고??"

술을 먹지 않았다는 내 말에 조셀린의 표정이 더 심각해졌다. 난 괜찮다며 단순히 체한 것 같다고, 가서 마저 일하라고 조셀린을 돌려 세웠지만 그녀는 이러고 있지 말고 뭐라도 하자며 날 부축해 내 방으로 끌고 가 억지로 침대에 눕혔다.

천장은 빙글빙글 돌고, 손가락 하나 까딱할 힘도 없다.

보글보글보글… 보글보글….

조셀린이 부엌에서 물을 끓이는 소리가 들려왔다. 아파서 죽기 딱 직전인 와중에도 혹시나 조셀린이 내게 힘을 주기 위해 시금치 스파게티를 만들고 있으면 어쩌나 하는 생각이 들었다. 하지만 조셀린이 가져다준 것은 뜨거운 물 한 잔. 탈수증세가 심하니 따뜻한 물을 많이 먹어야 한다는 것이다.

조셀린은 밤새 물을 끓여다주고, 갑자기 구토가 쏠려 화장실로 향하는 나를 부축해주기도 했다. 그녀의 도움으로 나는 폭풍 같았던 새벽을 겨우 버텨냈다.

노로바이러스 진단을 받았다. 오히려 겨울철에 유행하는 바이러스라고 한다. 탈수증상으로 링거 한 대 시원하게 맞고서야 겨우 정신이 들었다.

아픈 몸에 일까지 겹쳐 지친 표정을 하고 들어오는 나를 조셀린이 걱정스레 바라보았다.

"재원~ 좀 괜찮니?"

"네 덕분이지. 이제 괜찮아졌어."

"정말 다행이다. 나도 깜짝 놀랐거든."

그녀가 커다란 접시에 녹색 스파게티 면을 가득 담아 내민다.

"참, 그리고 방금 스파게티를 만들었는데 말이야. 너무 많이 만들었네? 괜찮으면 같이 먹지 않을래?"

저거 먹으면 증상이 도지는 게 아닐까 싶다. 하지만 응급상황을 맞아 나를 위해 그렇게 힘써주던 조셀린의 호의를 계속 거절할 수는 없었다.

"안 그래도 배고프던 참이야."

조셀린의 제안을 처음으로 받아들였다.

익숙해질 때가 됐지만 절대 익숙해지지 않는 그 향을 맡으며, 나를 보고 활짝 웃는 조셀린에게 억지웃음을 지으며 면발을 천천히 입에 넣었다.

'응?'

맛이 생각보다 나쁘지 않다. 전체적으로 부드러운 식감에 묘하게 시큼한 맛의 소스가 오히려 중독성까지 있다. 호로록 호로록 계속 면을 빨아들이는 나를 조셀린이 흐뭇하게 바라보았다.

"어때, 괜찮지 않아?"

"정말 맛있어. 요리 정말 고마워! 나도 조만간 답례로 한국 요리를 만들어줄게."

역시 밥은 여럿이서 먹어야 맛있다.

○

　시금치 스파게티를 사흘 정도 먹은 덕분인지 완전히 컨디션을 회복한 나는 조셀린을 위해 간만에 요리라는 걸 좀 해보기로 했다. 메뉴는 닭도리탕. 실패할 확률이 적을 것 같아 선택했다. 간만에 시금치향이 아닌 고추장향이 집 안 가득 풍기니 기분이 정말 좋다.

　고춧가루 양 조절에 실패했다. 조금, 아니 많이 맵게 됐다. 하지만 예전에 한국에서 7년이나 일한 적이 있다는 조셀린은 그 맛을 아주 좋아한다. 술을 먹지 않는 조셀린 덕분에 우리는 닭도리탕과 캔커피라는 새로운 조합을 즐기며 늦은 시간까지 즐거운 수다를 떨었다.

　알고 보니 우리는 공통점이 많았다. 같은 기업에서 일했던 적도 있고, 그녀가 2년간 영어강사로 일했던 대학은 나의 모교였다. 이리도 공통점이 많았는데 그동안 데면데면했던 시간들이 아까웠다.

　우리가 친해질 수 있는 시간을 얼마나 놓쳐버린 걸까.
　고작 시금치 스파게티 때문에.

　급속도로 친해진 우리는 라이프셰어를 통해 친구가 되어갔다.
　"조셀린, 너는 왜 한국의 직장을 그만둔 거야?"
　"음. 우선 대기업부터 이야기할게. 그 회사는 확실히 큰 회사였지. 그리고 너도 알겠지만 연봉도 많이 주고 복지 혜택도 다양하긴 했어.

하지만 당시에 난 한국인들과 일하는 것이 굉장히 힘들었어. 조직문화부터 시작해서 한 가지도 나랑 맞지 않았지. 그때는 한국 사람들이랑 일하는 자체가 싫었어. 하지만 지금은 아니야. 이제 한국인과 일을 한 지 7년이나 되었거든. 어떻게 한국인들을 상대하는지 알겠어."

"그럼 대학 영어강사는? 내가 알기론 대우가 굉장히 좋다고 하던데."

"지금 전혀 연관이 없는 일을 하고 있는 건 아냐. 그때의 경험은 지금의 나에게 큰 보탬이 됐어. 변화가 있다면 그때 나의 보스였던 사람이 지금은 내 고객 내지는 비즈니스 파트너가 됐다는 거지."

조셀린은 공학 및 의학 논문을 전문적으로 번역하는 회사의 대표이다. 일본, 인도, 한국 등 비영어권 사람들이 영어로 논문을 발표해야 할 일이 있을 때 번역을 대행해주는 것이다. 조셀린은 1년에 6개월간 영업 채널을 관리하고 큰 프로젝트를 따내기 위해 위의 나라들을 순회한다. (자세한 건 영업 비밀이라고.) 그리고 나머지 6개월은 일을 하지 않고 지역구를 대표하는 롤러 더비(인라인 릴레이 경기) 선수로 즐겁게 활동한다고 한다.

"최종적으로는 내가 없어도 굴러가는 회사를 만드는 게 내 목표야. 그 시기는 5년 뒤로 잡고 있어."

조셀린은 그 시스템을 하루라도 빨리 만들기 위해 지금처럼 영업 지역을 방문할 때 모든 힘을 다해서 일을 했던 것이다. 그제야 그녀가 왜 그렇게 미친 듯이 일에 열중하는지 알게 되었다.

일을 하지 않아도 살 수 있으면 지금 무엇을 못 하겠는가.

○

조셀린과의 대화는 항상 흥미진진하다. 그녀가 한국에서 일했던 경험이 풍부한데다가 직장인과 사업가의 길을 모두 경험해보았기 때문이다. 항상 부드러운 조셀린이지만 사업 이야기를 할 때만은 계산적이고 날카로운 면모를 보여주곤 했다.

나는 에어비앤비 일이 잘 되고 있다고 생각하고 있었고, 그래서 아예 방을 하나 더 내서 수익을 더 내볼까 고민을 하고 있었다. 당시 수입도 쏠쏠했지만 그래도 돈은 다다익선 아닌가. 이 이야기를 선배 사업가인 조셀린에게 털어놓고 조언을 구했다.

"뭐?"

"좋은 생각 같지 않아?"

"흠… 너무 무작정 뛰어들지 않는 게 좋을걸. 잘 들어봐."

우선 그녀는 내 방이 왜 매력적인지 알려주었다.

"네 방의 매력 포인트 첫 번째. 저렴한 가격에도 독립적인 공간을 부여받을 수 있는 것. 두 번째. 함께 사는 호스트가 젊고 일하는 직장인이기 때문에 사사건건 간섭받을 가능성이 적다는 점. 이런 장점들 때문에 네 방에 머문 게스트들은 조금은 낙후된 건물과 깔끔하지 못한 정리 상태도 어느 정도는 이해할 수 있다고 생각한 거야. 그리고 이런 타입의 집을 선호하는 사람들은 대체로 젊은 층이기 때문에 음악을 매개로 사람들과 쉽게 공감할 수 있었을 거고. 그게 좋은 후기를 받아왔던 비결. 맞지?"

그녀는 내가 한 번도 제대로 발견하지 못했던 내 에어비앤비 하우스의 매력을 정확하게 짚어주었다.

"듣고 보니까 맞는 것 같아."

"그렇지. 그런데 만약 네가 지금 이 방이 잘 되는 것만 생각하고 아무 집이나 빌린다고? 자본금 회수도 못할걸? 만약에 방을 하나 더 내려면 지금 네가 빌려주는 방보다 위생 상태와 인테리어, 서비스 등 모든 부분의 퀄리티를 몇 배로 더 끌어올려야 할 거야. 그런 각오로 방을 내야 살아남을 거라고 봐."

안일하게 생각했던 나는 그녀의 말을 듣고 크게 반성했다. 처음 에어비앤비를 시작했을 때와 달리 많은 경쟁자들이 생겨났기 때문에 무작정 방을 늘렸다면 사업 실패의 쓴맛을 봤을 것 같다는 생각이 들었다. 결정적으로, 사람을 만나는 순수한 재미를 잃어버렸을지도 모른다.

○

좋은 추억을 많이 남겨주었던 조셀린은 업무차 다른 지역으로 떠났다가 다시 한 번 우리 집을 1달이나 더 찾아주었다. 가족이자 스승처럼 느껴지는 조셀린이 반갑지 않을 리 만무하다. 우리는 시금치 스파게티를 나눠 먹으며 일 이야기, 사람 사는 이야기를 나누었다.

1년 중 6개월은 자신의 지역구를 대표하는 롤러 더비 선수로 활약하는 조셀린. 롤러 더비는 릴레이 경기이니만큼 동료에게 피해를 주지 않기 위해 더욱 강인한 체력을 요한다. 따라서 비시즌에도 운동을 빠뜨려서는 안 된다고 한다. 매일 밤 한강에서 운동하는 조셀린을 따라 나도 같이 운동을 한 적이 몇 번 있다. 조깅 전에 내가 한국식 커플 스트레칭을 알려주었는데 나보다 월등히 신체조건이 좋은 조셀린은 그때마다 내 허리를 완전히 꺾어버리곤 했다.

항상 에너지 넘치고 도전 정신 강하고 프로페셔널한 그녀에게 난 정말 많은 것을 배웠다. 동료가 바이러스에 전염되면 따뜻한 물 한 잔 끓여주고 돌봐주는 인도정신 포함.

나의 첫 비즈니스 코치 조셀린. 지금은 또 어느 나라에서 밤새 일하고 있니?

18.

카산드라 & 알렉스,
돼지 창자 수프를 먹다

CASSANDRA & ALEX

FROM AUSTRALIA

이름

카산드라 & 알렉스

/

국적

호주

/

한국 방문 목적

평범한 삶으로 돌아가기 전 마지막 여행

/

이 방을 고른 이유

다소 아늑해 보여서

/

특이사항

전직 프로 댄서 커플
보기와 다르게 저질(?) 체력

/

호스트와의 인연

게스트 최초로 호스트의 소울푸드를 먹어봄

에너지가 넘쳐 보인다. 우선 시선을 사로잡는 것은 알렉스의 엄청 난 팔뚝 굵기. 얼마나 운동을 했는지 웬만한 전봇대만 한 팔뚝에는 거 미줄 타투가 사실적으로 펼쳐져 있었다. 그런 몸매를 자랑하고 싶었는 지 팬티만 남기고 다 벗은 몸으로 '봐, 내가 이런 사람이야' 하는 듯한 익살스러운 표정을 짓고 포즈를 취하고 있었다. 그 옆에 딱 붙어서 하 트 모양 선글라스를 끼고 엉덩이와 입술을 쭉 빼고 있는 카산드라 역 시 보통 끼가 아니었다. 게다가 자기소개도 어찌나 씩씩하게 해놓았는 지 어느 나라를 가도 거침없을 것 같은 그들의 패기가 느껴졌다.

그런데 막상 합정역에서 만난 그들은 얼굴에 핏기가 하나도 없는 것이 잔뜩 지친 모습이었다.

큰 가방을 메고 휘청휘청 걷는 그들. 혹시 길거리에서 쓰러지지는 않을까 걱정이 됐다. 저들의 건강이 걱정되는 건 둘째 치고, 저 장신 커플을 어떻게 이고 지고 간단 말인가.

"너희 괜찮아?"

"우리는… 좀 지쳤지만 괜찮아. 중국에서 너무 힘들게 돌아다녀서 그래."

"그렇지. 일정을 너무 빡빡하게 잡았지. 그래도 괜찮아."

불안함을 잔뜩 안고 아슬아슬하게 집에 도착한 나는 가슴을 쓸어 내렸다. 그들에게 홍삼차를 타주며 이걸 먹고 피로를 풀라고 했다.

"고마워. 방도 정말 아늑하네."

"우리 좀 잘게."

프로필에서 느꼈던 첫인상처럼 그들이 활기찬 서울 여행을 하기를 바랐다. 하지만 그들은 다음 날 오전까지 잠에만 빠져 있었다.

생기발랄한 모습을 기대했던 것은 내 착각이었을까.

○

일요일 오전은 내가 웬만하면 일이 없는 날로 대개 게스트들과 망원시장 투어를 하는 날이다. 에어비앤비를 하면서 가장 행복한 순간 중 하나인데, 평범한 동네 시장이 보물 상자처럼 보이기 때문이다. 푹 퍼져 있는 이들에게도 좋은 도시 여행이 되지 않을까 해서 나는 카산드라와 알렉스에게 이 근처에 전통시장이 있는데 가보지 않겠냐고 제안했다.

"혹시 거기 먹을 것도 팔아?"

"그럼! 서울에서 가장 맛있는 음식을 가장 싸게 먹을 수 있는 환상적인 곳이야! 지역 주민들이 정말 사랑하는 곳이지. 물론 젊은 사람들도 많이 찾아."

망원시장 설명을 듣고 혹하지 않는 게스트를 본 적이 없다. 그들은 엉덩이를 떼고 슬슬 스트레칭으로 몸에 시동을 걸더니 집을 나섰다. 조금 쌀쌀했지만 산책 나가기에 아주 적당한 날씨다. 그런데 카산드라의 몸짓이 조금 특이했다. 발걸음과 어깨 움직임이 심상치 않다.

"카산드라, 너 혹시 댄서야?"

"어? 어떻게 알았니? 나랑 알렉스는 작년까지 프로 댄서로 일했어."

"와… 멋있다! 나 춤 잘 추는 사람들 진짜 좋아하거든."

우리 집에 댄서가 오다니. 〈스텝업〉을 몇 번이나 보고, '브로드웨이 댄스 스쿨'에 다녀봤을 정도로 춤을 좋아하는 나다. 물론 몸이 따라주지 않아 포기했지만.

"그런데 장르는 뭐야?"

"힙합이랑 어번을 주로 했고, 탭댄스도 했어."

"탭댄스도 했다고?"

"응. 이런 거."

카산드라는 망원시장으로 가는 동네 골목길에서 즉석으로 탭댄스를 선보였다. 어찌나 부드럽고 박자감이 넘치던지 순간 보고 있던 내 고개가 출렁출렁 흔들릴 정도였다. 아주 잠깐 본 것이었지만 상당한 실력자라는 것이 한눈에 느껴졌다.

우리는 춤 이야기에 신이 나서 한참을 떠들었다. 잠이 덜 깬 듯 보이는 알렉스도 옆에서 피식피식 웃는 것을 보니 나와 춤에 대해서 이야기하는 것이 재미있는 모양이었다. 그도 우연히 찾은 한국의 작은 숙소에서 미국 어번 댄스와 호주 어번 댄스의 차이점을 이야기하게 되리라고는 생각 못했을 것이다.

○

웃고 떠드는 사이 망원시장에 도착했다. 카산드라와 알렉스는 길고 긴, 북적거리는 시장 터널을 매우 경이로운 눈으로 바라보았다.

"재원, 여기 걸어서 끝에서 끝까지 갈 수는 있는 거야?"

"여기 완전 기대돼!"

역시나. 어깨가 으쓱해진다.

"처음부터 너무 놀라지 마. 망원시장의 진짜 매력은 이제 시작이라고."

내가 사랑해 마지않는 전집은 망원시장 중앙에 있다. 위에 오향족발이라는 간판이 있지만 이건 옆에 붙어 있는 오향족발 가게의 것이지 이 집 것이 아니다. 뷔페형 전집이라 원하는 전을 접시에 올리고 그 무게를 달아 가격을 매긴다. 여러 종류의 전을 한꺼번에 먹고 싶은 여행자들이 좋아하는 곳. 한편 만두는 열 개씩 파는데 많다고 생각되면 반만 살 수도 있다. 우리는 호박전, 전유어, 고추전, 메밀전병, 만두 등을 골고루 접시에 담았다. 이들은 음식을 사는 시스템에 신기하다는 기색을 감추지 못했다.

돈을 걷어 계산을 한 후 자리에 앉아 먹으려고 하는데 카산드라가
눈을 부릅뜨더니 나를 잡고 흔들었다.

"응? 계산 잘했는데 왜?"

"아까 아주머니가 네 돈을 받더니 쓰레기통에 버렸어!"

"에이 그럴 리가 없지. 잘못 본 거 아냐?"

하면서 뒤를 돌아보는데 정말 쓰레기통에 돈을 버리고 있
다! 하지만 가까이 다가가서 보니 바로 이해가 된다. 사장님은
다 쓴 식용유통을 돈통으로 쓰는 것이다. 길을 오가는 사람들
을 상대해야 하는 시장 상인들에게는 일반적으로 쓰는 금고가 오히려
불편하다. 바빠 죽겠는데 언제 금고를 여닫겠는가. 편하게 일하려고
상인들이 택한 돈 보관 방식이 바로 식용유통. 시장에서 항상 보는 광
경이라 나에게는 이상하지 않았는데 알렉스와 카산드라가 보기에는 놀
라운 광경이었나 보다. 재빨리 오해를 풀어줬다.

"망원시장에서는 다 저래. 직원들이 일하기에 편하거든."

전을 들고 자리에 앉았다. 태어나서 처음 전이라는 음식
을 만난 알렉스와 카산드라. 녹두전을 한 입 먹더니 아주 행복
한 표정을 지었다. 특히 카산드라는 군만두가 재미있게 생겼다며 군만
두를 야무지게 젓가락으로 집고 사진을 찍기에 여념이 없다. 금세 한
접시를 뚝딱 비웠다.

다음 코스는 그 유명한 망원시장의 자랑, '고향집 칼국수'. 그 누구

를 데려와도 깔끔한 맛에 반하고 가격에 기절한다. 맛보기로 한 그릇 시켜서 셋이 나눠 먹었다. 그리고 알렉스가 나에게 남긴 한마디.

"재원. 너 진짜 부럽다. 이런 곳에서 사는 거야?"

○

전과 국수를 먹더니 한국 전통음식에 대한 호기심이 엄청나게 커진 카산드라와 알렉스는 난리가 났다.

"한국에 왔으니 한국 색깔이 강한 진짜 한국 음식을 먹고 싶어!"

"좋은 음식 좀 추천해줘!"

어떤 것이 좋을까. 설렁탕? 된장찌개? 아니야. 너무 평범해.

순간 내 머리에 떠오른 그 이름, 순댓국.

가장 한국적이고 가장 세고 가장 먹기 힘든 음식.

수많은 게스트들 중 순댓국을 먹은 사람은 하나도 없었다. 곱창도 먹을 줄 알았던 조셀린도 순댓국 앞에서는 약한 모습을 보였다. 그래서 여러 차례 다시 물었다.

"이 근처에 내가 정말 좋아하는 돼지 수프 레스토랑이 있어. 그런데 이건 정말, 정말 한국 스타일의 음식이야. 먹을 수 있겠어?"

내장이 영어로 뭐였지? 그 설명을 해야 하는데. 그런데 내 말이 채 끝나기도 전에 호주 힙스터 알렉스와 카산드라는 무조건 OK란다.

"우린 전혀 무서운 것이 없어!"

"한국을 체험하러 한국에 왔으니 어서 가자! 앞장서 재원!"
이윽고 우리는 '상암순대국'에 도착했다.

2014년 봄, 고양문화재단의 일방적인 통보로 '뷰티풀 민트 라이프
2014' 페스티벌이 개막 하루 전에 취소되었다. 음악은 즐거움을 주기
도 하지만 동시에 아픔을 달래는 도구이기도 하다. 우리는 세월호 참
사 때문에 아픈 사람들을 음악으로 위로할 수 있다고 생각했는데 수십
일 동안 준비한 무대를 불 한 번 켜보지도 못하고 허망하게 철거해야
만 했다. 며칠에 걸쳐 무대 철거를 마치고 허한 속을 채우기 위해 찾은
가게가 바로 이곳이다. 그날 순댓국의 맛이 유난히 따스했나 보다. 그
이후 나는 1주일에 한 번은 꼭 이 가게를 찾는다. 이 집 순댓국은 내
소울푸드라고도 할 수 있겠다.

이런 내 개인적인 이야기를 들려주면서 가게로 이끄니 그들은 감
명받은 표정을 지었다.

자리에 앉은 지 5분도 지나지 않아 순댓국이 그 위용을 드러냈다.
카산드라와 알렉스도 다행히 표정이 괜찮다.

"냄새가 아주 그럴듯해."

"봐! 아직 냄비에서 수프가 끓고 있어!"

카산드라는 마치 용암이 움직이는 걸 보는 표정으로 신기하게 뚝
배기를 살펴보았다. 향이 괜찮다니 다행이다. 국물이 조금 식자 카산드
라와 알렉스가 숟가락으로 조금씩 떠먹기 시작한다.

"이거 꽤 괜찮은데? 안 그래 카산드라?"

"응, 괜찮은 거 같아. 좀만 더 식으면 좋겠지만."

폭발적인 반응은 결코 아니었지만, 꽤 먹을 만한가 보다.

하지만 나는 그 앞에서 어쩔 줄 몰라 발을 동동 구른다. '내장'이라는 영어 단어를 몰라 계속 설명을 못 했는데, 음식이 나오고 나서야 휴대폰에 영어 사전이 있다는 게 생각이 났다.

난 휴대폰 화면을 내밀면서 둘에게 다시 말했다.

"이 음식 말이야… 돼지의 창자(internal organ)로 만든 거야."

"어?"

알렉스의 표정이 어둡게 내려앉는다. 카산드라는 재미있다는 표정이다. 알렉스에게 왜 그러냐고 묻자 알렉스는 잠시 당황하는 표정을 짓더니 이것은 내게 맞는 음식이 아니라며 약한 모습을 보였다. 카산드라와 내가 알렉스를 약 올리며 순댓국을 천천히 음미하자 이런 모습에 자극받은 알렉스는 어쩔 수 없다는 듯이 몇 숟가락 입에 댔지만 결국은 포기를 선언했다.

결론. 카산드라가 알렉스보다 좀 더 용감하다.

○

망원시장 투어 덕인지 순댓국 덕인지, 아무튼 체력을 회복한 이 커플은 무섭게도 서울을 여행했다. 명동과 경복궁 등 서울을 찾는 관광

객들이 다 가는 곳은 물론 이태원의 '케익샵', 합정동의 '브라운' 등 각
종 클럽을 섭렵하며 한국 사람들에게 자신들의 춤 실력을 뽐내고 다녔
다.

　이들은 이제 춤을 접고 일반 회사에 취업할 것이라고 했다. 그러니
까 이번 여행은 평범한 삶을 살기 전 의식 같은 것이라고나 할까. 좋아
하고 즐기고 싶은 것만 하고 살 수 없는 게 엄연한 현실이지만, 카산드
라는 긍정적이었다.

　"나와 알렉스는 춤을 열정적으로 사랑했잖아. 이런 마음으로 새롭
게 시작하는 일도 사랑할 거야. 그러면 그 일 또한 춤이 되지 않겠어?"

　둘의 마지막 여행을 응원해주고 싶어서 어느 때보다 열정적으로
서울의 좋은 곳들을 많이 추천해주었다. 다시 호주에 가서도 반짝반짝
빛나는 그들의 모습 잘 지켜나갔으면 한다. 내가 다시 호주에 간다면
브리즈번의 전통시장에도 날 데려다주길!

19.

졸리,
말레이시아 걱정 소녀

JOLY

FROM MALAYSIA

이름
졸리

/

국적
말레이시아

/

한국 방문 목적
소소한 생활 체험

/

이 방을 고른 이유
말레이시아 사람들의 후기가 있어서

/

특이사항
좋게 말하면 꼼꼼함
나쁘게 말하면 사람을 귀찮게 함

/

호스트와의 인연
호스트에게 가장 큰 감동을 선사함

그녀에게는 다른 게스트들과 확연히 다른 무언가가 있었다. 바로 수많은 질문을 쏟아낸다는 것이다. 처음에는 '어떻게 너의 집까지 직접 찾아가느냐' '헤어드라이어나 타월 같은 건 제공되냐' 등의 질문을 했다. 이와 같은 정보들은 에어비앤비 페이지에 다 나와 있기도 하고, 보통 칫솔이나 타월은 당연히 게스트가 가지고 오기 때문에 거의 설명해본 적이 없는 것들이었다. 그냥 여행 경험이 별로 없나 보다 하고 성심성의껏 대답을 했다. 하지만 그게 시작이었다.

> ⋯→ 롯데월드에 가려고 하는데 저녁 타임이 반값이라고 들었어. 진짜야?
> ⋯→ 우리 어머니가 한국에 가면 인삼을 사 오라고 하는데 정말 유명해?

에어비앤비 메시지 창의 질문이 마흔 개가 넘어가자 슬슬 인내심에 한계가 오기 시작했다. 그러다 나를 정말 지치게 만든 질문이 나오고야 말았다. 바로 인삼과 홍삼. 그녀는 삼 종류에 한이라도 맺힌 듯 어디에 가면 품질 좋고 값싼 삼을 찾을 수 있는지 계속해서 물어보았다. 인삼은 국가에서 관리하는 품목이기 때문에 품질과 가격이 평준화되어 있으니 어느 곳에서 구매해도 큰 차이가 없으며 싸게 사고 싶다

면 면세점에서 살 것을 추천했다. 하지만 그녀는 내 말을 믿지 않는 듯
했다. 한국 어딘가에 보물 같은 인삼 가게가 숨겨져 있다는 루머라도
들었는지 어딜 가면 좋은 인삼과 인삼 캔디를 살 수 있는지 정말 끊임
없는 열정으로 물어보았다. 지치다 못한 내가 홍삼의 경우 친한 세일
즈맨이 있어서 조금 할인된 가격으로 구해줄 수는 있다고 하자, 홍삼
이 남자에게 좋다는 것은 나도 들었다면서 그럼 홍삼 말고 인삼은 어
디서 괜찮게 구할 수 있냐고 되묻는다.

미치고 팔짝 뛸 노릇이었다. 의사소통이 짧고 간결한 서양인들과
는 달라도 너무 달랐다. 슬슬 '동남아시아 사람들은 이렇게 피곤한가'라
는 편견이 생기려 하고 있었다. (질문 많은 호주 사람 타일러는 잊은 지 오
래, 쿨하기 짝이 없는 닉과 퍼스는 기억 저편으로 사라져 있었나 보다.)

예순 통이 넘는 메시지를 주고받았지만 나는 결국 그녀가 만족할
만한 인삼의 구입처를 알려주지 못했다.

○

이미 졸리에게 공항에서 어떻게 합정역까지 오는지 수차례 설명한
나는 픽업을 위해 합정역으로 나갔다.

9번 출구에서 만난 졸리는 자그마한 체구에 옷을 겹겹이 껴입고
자기 체구만큼 작은 가방을 두 개 메고 있었다. 큰 눈과 살짝 나온 턱
이 인상적이었다. 한국에 처음 왔다는 그녀는 천진난만한 표정으로 메

세나폴리스며 합정로터리를 둘러보았다. 만나면 당장 화라도 낼 기세였는데 막상 그녀를 보니 그런 마음이 눈 녹듯 사그라졌다.

하지만 졸리는 곧 이상한 질문으로 날 당황하게 했다.

"내가 한국에 머무는 닷새 중 하루는 눈이 내린대. 혹시 정확히 눈이 언제 오는지 알 수 있어?"

어플을 켜서 확인하니 1주일 내에 눈 소식은 없었다.

"눈이 온다는 예보는 없네. 기대 많이 했니?"

"응. 기대는 많이 했는데, 안 오면 어쩔 수 없지."

그녀는 하늘을 한참 올려다보았다.

에어비앤비 호스팅 역사상 가장 자세하고 친절한 설명을 곁들이며 그녀를 집으로 데리고 왔다. 이쪽으로 가면 무엇이 나오냐, 이쪽으로 가면 저기냐, 아까 알려준 곳은 어디냐 등등… 그녀는 가만히 두면 집에 못 들어올 것 같은 어마어마한 분량의 질문을 계속 퍼부어댔다.

집에 도착했을 때 나는 엄청난 피로감을 느꼈다. 방으로 그녀를 안내하고 나는 침대에 대자로 뻗었다.

그러면 그렇지.

○

이후로도 그녀는 많은 것들을 물어보았다. 살 것, 먹을 것, 체험할 것 등등 그녀의 질문은 끝이 없었다. 낯선 외국을 돌아다니는 것이 무섭기도 하지만 또 한국을 제대로 경험해보고 싶은 모양이었다. 나는 최선을 다해 대답한다고 했지만 역부족이었다.

어떻게 하면 그녀를 만족시킬 수 있을까. 이왕 내 방까지 온 친구인데 그냥 보낼 수는 없고. 나는 도시문화콘텐츠 전문 창작 회사인 어반플레이와 에어비앤비가 함께 만든 프로젝트인 '어반 에어 뮤지엄(Urban Air Museum), 숨은연남찾기'를 소개해주기로 했다. 연남동의 평범하지만 아름다운 것들을 재조명하는 프로젝트로 강연과 공연, 그리고 각종 이벤트가 함께하는 재미난 놀이 축제다. 실은 내가 듣고 싶은 강연이 있어서 숨은연남찾기의 이벤트를 쭉 훑어보다가 마침 졸리에게 딱 맞는 체험이 눈에 들어온 것이다.

"졸리, '한국인의 밥상 만들기' 체험하러 가보지 않을래?"

"한국인의 밥상?"

"사람들이 모여 요리하고 식사하는 프로그램이야. 알아보니까 김치 만들기 체험을 한대. 한국인뿐만 아니라 외국인들도 많아서 친구들을 사귀기에도 아주 좋아. 게다가 영어 통역도 있어."

"오, 좋아!"

"그런데 참가비가 있긴 해. 괜찮아?"

"아 그렇구나… 하긴 밥까지 먹는데 당연하지. 이해해."

"그래 졸리. 그럼 숨어 있는 연남동을 찾으러 가자!"

나의 계획은 이렇다. 졸리를 '한국인의 밥상' 행사장까지 안내하고

나는 '유아히어(YOU ARE HERE)' 카페로 이동해 강연을 듣는다. 유아
히어 카페에는 유튜브 부스가 있어서, 여기에서 영상을 찍으면 편집이
되어 자동으로 유튜브 채널에 올라가는 재미난 체험을 할 수 있다. 이
유튜브 채널을 본 많은 외국인들이 이 카페에 들르는 덕에 손님의 반
이 외국인들로 채워진 재미난 광경을 많이 본다. 내 게스트들도 이곳
에서 다른 여행자들과 대화하며 한국의 정보를 얻곤 한다. 졸리는 한
국인의밥상 체험이 일찍 끝나면 이리로 와서 카페 구경을 하면 된다.
만약 너무 늦어져서 집에 혼자 가야 해도 안심. 체험장에서 우리 집까
지는 쭉 직진만 하면 되니까.

　어반플레이가 운영하는 박물관에 도착해서 함께 사진전시회장에
들어가 감상을 한 후 통역 안내원에게 전화를 걸어 호출했다. 얼마 지
나지 않아 안내원이 내려왔다.

　"졸리, 이따가 다시 만나자. 끝나고 메시지 보내!"

　졸리에게 인사를 하고 발길을 돌리려는 순간. 그녀가 나를 붙잡았다.

　"날 두고 어딜 가는 거야?"

　"어? 다 설명했잖아. 난 근방에서 강연을 들을 테니, 너는 한국인
의 밥상 체험을 하면 돼."

　그녀는 말없이 고개만 좌우로 빠르게 흔들었다. 내 셔츠를 두 손으
로 잡고 불안한 눈빛으로 나를 바라보았다.

　"너 없이 낯선 이벤트에 가기는 조금 무서워. 그리고 어떻게 집에
혼자 간단 말이야…?"

"통역 안내원이 잘 안내할 거야. 그리고 집에 돌아가는 길은 왔던 반대 방향으로 직진만 하면 되는데 뭐가 그렇게 걱정이야?"

손짓 발짓 다 동원하며 열심히 길을 설명했지만 큰 눈에 잔뜩 어려 있는 불안은 쉽사리 가시지 않았다. 결국 강연을 다 듣고 다시 같은 장소에서 그녀를 만나기로 약속한 후에야 프로그램에 참여시킬 수 있었다.

하지만 가는 날이 장날인 건지, 강연 도중 갑자기 회사에 들어가야 할 일이 생겼다.

졸리, 미안해. 급한 일이 생겨서 회사에 가게 되었어.
아까 우리가 같이 본 프로그램 담당자에게 다 말해놨어.
그 사람이 집에 가는 길을 가르쳐줄 거야.

일하는 내내 걱정이 되었는데 그녀는 어떤 카카오톡 메시지도, 에어비앤비 메시지도 남기지 않았다.

자정이 가까워 들어간 집. 신발장에는 작은 여자 신발 하나가 놓여 있었고, 내 작은 방에는 멀리 말레이시아에서 온 작은 소녀가 곤히 잠들어 있었다.

○

그때를 시작으로 야근에 시달리는 일과가 반복되었다. 그러다 보니 어느덧 졸리와 함께할 수 있는 마지막 밤이 되었다. 사실 물가에 내어놓은 아기 같은 그녀에게 어느 정도 지쳐 있기도 했지만 술을 마시고 늦게 들어온 탓에 나는 마지막 밤이었음에도 불구하고 졸리에게 가벼운 인사만을 남긴 채 그대로 잠들어버렸다. 잠결에 들은 말로는 다음 날 아침 6시쯤 공항으로 간다고 했다. 공항에 가는 방법은 이미 수차례 설명한 후였다.

그리고 아침이 밝았다. 숙취 탓인지 여느 때보다 조금 늦게 일어났다. 출근 준비를 해야겠다고 생각하며 기지개를 켜고 복도에 나선 순간 책상 위에 놓인 작은 꾸러미를 발견했다.

그것은 졸리가 남긴 선물과 쪽지였다. 그녀가 놓고 간 것들은 자신이 돌아다니면서 먹었던 맛있는 과자며 초코 음료수, 작은 캔디 같은 것들이었다. 이 작고 귀여운 선물들은 문 앞에 소복이 쌓여 있었다.

졸리가 준 과자나 음료들은 한국인이라면 별로 관심을 가지지 않을 평범한 브랜드가 대부분이었다. 하지만 한국을 처음 찾은 졸리에게는 이 모든 것이 신비롭게 보였을 테고, 그녀는 그것들을 보면서 내 생각을 했던 것이다. 그리고 여행 첫날부터 그것을 조금씩 모아 이 선물을 마련한 것이다. 쪽지에는 어떻게 이 물건들을 사게 되었는지에 대한 소중한 추억들이 빼곡히 적혀 있었다.

처음 찾은 한국을 길도 잘 모르면서 두려운 마음으로 더듬더듬 돌아다녔을 그녀. 그 와중에 이리도 따뜻한 마음으로 날 챙긴 것이 너무도 감사하고 또 그 모습을 상상하니 졸리가 사랑스럽기 그지없었다.

게다가 그 안에는 말레이시아에서 가져온 내 선물도 들어 있었다.

조금은 그녀를 귀찮아하고, 피곤한 얼굴로 그녀를 대했
던 내가 너무나 부끄러웠고 또 미안했다. 그리고 졸리의 쪽
지를 읽는 순간 그녀가 너무나 보고 싶어졌다. 그녀를 이대
로 보내면 정말 후회할 것만 같았다.

순간 시계를 보았다. 6시 15분. 그녀가 출발한 지 10분 정도밖에
되지 않았을 것 같은 시각. 나는 그 길로 슬리퍼를 신고 집 밖으로 뛰
어나갔다. 다행히 그녀를 발견할 수 있었다.

나는 졸리를 크게 불러 세웠고, 놀란 졸리가 뒤돌아보자마자 그녀
를 와락 안았다. 놀란 졸리를 난 진심으로 타박했다.

"이렇게 감동을 주고 가는 게 어디 있어! 너 정말 이럴 거야? 응?"

그녀는 어리둥절한 표정으로 나를 계속 쳐다보았고 나는 그냥 웃
을 뿐이었다. 그리고 그때서야 하늘에서 하얀 눈송이가 떨어지고 있다
는 것을 발견했다.

졸리의 소원대로 눈을 본 것이다.

그녀는 천천히 하늘을 올려다보더니 슬며시 미소를 지었다. 큰 표
현을 하지 않았지만 졸리가 너무나 행복해하고 있다는 것을 알 수 있
었다.

○

부끄럽게도 난 졸리를 맞이하며 동남아시아 사람들에 대한 편견을 만들어내고 있었다. '왜 이런 것까지 물어보지? 룸셰어의 기본도 모르고 있나?' 등등.

도시 여행을 통해 내 관점을 바꾸자고, 억척스럽고 팍팍한 내 인생에 촉촉한 봄날의 꽃밭 같은 것을 만들어보자고 시작한 에어비앤비인데, 그 안에서 스스로 편견을 만들고 있었던 것이다. 누구보다 따뜻하고 생각이 깊은 졸리를 비뚤게 바라본 것은 다름 아닌 나였다.

졸리를 통해 왜 내가 에어비앤비를 하는지 그 이유를 다시금 마음에 새겼다. 말 같지도 않은 편견을 가질 거면 다 때려치우고 그 시간에 돈 될 만한 거나 더 찾아다니지 왜 에어비앤비를 하나. 초심을 잃지 말고 신발끈을 고쳐 매자고 다짐했다.

부끄러운 경험을 꺼내어 많은 사람에게 알릴 용기가 생길 정도로 졸리는 내게 뜻 깊은 사람이다.

내게 와줘서 고마워, 졸리.

20.

히로유키,
세상에서 가장 행복한
시골 마을 의사 선생님

HIROYUKI

FROM JAPAN

이름
히로유키

/

국적
일본

/

한국 방문 목적
막걸리를 마시기 위해

/

이 방을 고른 이유
에어비앤비는 처음인데 이 집이 믿을 만해 보여서

/

특이사항
작은 병원을 가진 의사 선생님

/

호스트와의 인연
인생에서 가장 귀중한 조언을 해줌

나는 1박이나 2박 등의 짧은 숙박은 잘 받지 않는다. 직장인으로서 너무 잦은 체크인 체크아웃을 감당하기 어렵기 때문이다. 그런데 단 하루만 묵겠다는 사람의 예약을 별 대화도 없이 넙죽 받았다. 내가 해외여행을 다닐 때마다 일본인들에게 많은 도움을 받기도 했지만, 이 사람의 인상이 워낙 좋아서였다.

　이 중년 남성의 이름은 히로유키. 유지상이라고 불러달란다. 흰머리가 드문드문 섞여 있는 것에 비해 훨씬 어려 보이는 작은 얼굴. 웃음이 많아 눈 주변에 생긴 자잘한 주름들. 개구쟁이 같은 큰 눈. 거기에 얇은 입술에 걸려 있는 온화하고 잔잔한 미소. 온 얼굴로 '난 좋은 사람이다'라고 말하고 있었다.

　히로유키와 처음 만난 날은 2015년 첫 더위가 서울에 상륙했을 때였다. 어느 날보다 화창했고 또 뜨거웠다. 온몸에 굵은 땀방울이 맺히고, 뜨거운 태양에 시야가 아찔해졌다. 턱턱 막히는 숨을 고르며 겨우 도착한 합정역 8번 출구. 또 어디선가 낯선 향기를 가지고 왔을 타국의 게스트를 찾기 시작했다. 주변을 조금 둘러보니 저 옆에서 한국에서 흔히 볼 수 없는 긴 머리의 중년 아저씨가 있다.

　단정하고 야무진 인상이었다. 목 끝까지 잠근 셔츠, 단정한 벨트.

더운 날씨 탓에 이마에서 내려오는 땀을 곱게 접은 손수건으로 닦아내고 있다. 일본어를 조금 할 줄 알기에 일본말로 인사를 해봤다.

"혹시… 유지상이십니까?"

"아, 재원상이십니까?"

내가 잘못 들은 줄 알았다. 일본인이 분명한 그가 한국말로 대답한다. 이게 어떻게 된 거지? 아니, 일단 인사부터.

"안녕하세요. 제가 재원이에요."

"정말 반갑습니다! 그런데 일본말을 할 줄 아십니까?"

"아뇨. 전혀요. 제가 아는 건 딱 여기까지예요. 그런데 유지상도 한국말을 할 줄 아세요?"

"아, 예전에 조금 배웠어요. 이제는 많이 까먹어서 잘은 못 합니다."

우리의 대화는 한국어와 일본어가 뒤섞여 엉망진창이다. 우리도 우리가 웃겨 한바탕 웃었다. 기분 좋은 혼란스러움이 우리를 덮친다.

그나저나 외국인 게스트 중에 이렇게 한국말을 잘하는 게스트는 처음이다. 아버지가 어릴 때 한국에서 잠깐 사업을 했는데 그때 함께 따라왔다가 한국어를 배웠다고 한다. 그리고 한 20년 한국에 오지 못하면서 한국어를 많이 까먹었다가 한국의 문화와 음식에 빠져서 최근 몇 년 동안 종종 여행을 왔다고 한다. 아무튼 더위에 지친 이 밝고 정중한 중년의 게스트를 빨리 집으로 안내해야겠다고 생각했다.

"별로 시원하거나 좋은 집은 아닙니다. 하지만 충분히 쉴 수 있으실 거예요."

"아, 아닙니다. 저에게 너무나 좋은 기회입니다. 방을 빌려주셔서 감사합니다."

그는 1년에 서너 번은 한국에 오지만 에어비앤비에서 숙소를 구한 건 처음이라고 한다. 처음에는 호텔에서 머물렀지만 한국 음식과 문화를 즐기러 오는 만큼 이제 숙소는 중요하지 않게 되었다고 한다. 어제는 찜질방에서 잤는데 조금 불편했지만 있을 만했다며 껄껄 웃는다. 정말 신기한 사람.

○

"작은 주방이고요, 언제든지 사용할 수 있어요. 여기 있는 라면은 마음대로 드셔도 돼요."

"빨래하고 싶다면 알려주세요. 세탁기 사용법을 알려드릴게요."

"화장실 쓰실 때는 신발을 신고 들어가시면 돼요. 수건은 여기 있어요."

에어비앤비가 처음이라는 그를 위해 열심히 설명을 했다.

"제게 정말 좋은 숙소 같아요. 감사합니다."

그와 더 많은 대화를 나누고 싶었지만 회사로 돌아가야 할 시간이었다. 문을 나서려 했는데 문득 드는 생각이 있었다.

'그는 내 방에 단 하루밖에 머무르지 않는다.'

난 고개를 돌려 그를 다시 불렀다.

"혹시 오늘 저녁에 뭐하십니까?"

"특별한 계획은 없습니다. 발길 닿는 대로 가볼 예정이에요."

"그럼 오늘 저녁 같이 드실래요? 마침 저와 친한 부부하고 신촌에서 약속이 있어요."

"아, 신촌. 저야 좋지요. 그런데 그래도 괜찮겠습니까? 그 부부에게 실례가 아닐까요?"

"같이 가요. 여기에 딱 하루 머무시는데, 그럼 저와 보내는 시간도 하루밖에 없잖아요."

"그럼 이따가 봐요."

"네. 연락드릴게요!"

○

저녁이 되니 마침 날씨도 선선하게 바뀌었다. 퇴근 후 평소처럼 집까지 걸어가는 대신 버스를 탔다. 그리고 곧 눈앞에 익숙한 신촌역의 풍경이 펼쳐졌다. 여름이 좋은 이유 중 하나는, 늦은 시간까지 내가 좋아하는 것을 환하게 볼 수 있다는 것이다. 신촌로터리의 풍경과 함께 시원한 바람이 불어왔다.

히로유키는 나보다 먼저 도착해 있었다. 내가 그를 발견하고 큰 소

리로 부르자 내 쪽으로 고개를 돌렸다. 그리고 이내 활짝 웃으며 내게
손을 흔들며 화답했다. 만난 지 7시간밖에 지나지 않았지만 이렇게 다
른 동네에서 만나니 영락없이 여행지에서 만난 동료 같았다.

"재원상. 그런데 아까 집 근처에서 봤을 때랑 얼굴이 많이 다릅니
다."

"아 그래요? 어떤데요?"

"훨씬 밝아 보여요."

"당연하죠! 전 지금 신촌 여행을 왔잖아요."

우리는 약속 장소로 향했다. 그곳은 그 이름도 유명한 '미분당'으
로, 이미 서울에서 가장 맛있는 쌀국수 집으로 정평이 나 있다. 미분당
에서는 큰 소리로 이야기할 수 없다는 특별한 규칙이 있다. 먹는 것에
집중하는 옆 사람을 방해하지 않도록 하기 위함이라고.

약속을 잡은 친한 부부란 나처럼 홍대에서 에어비앤비를 운영하는
제제와 미미로, 내가 우리 집의 손님과 함께 간다고 문자를 하자 나보
다 더 좋아하며 그를 만나고 싶다고 방방 뛰었다. 가게 앞에서 이들을
만났다.

"안녕하세요. 저희는 미미, 제제라고 해요. 반가워요!"

"아, 반갑습니다. 저는 히로유키라고 합니다. 유지상이라고 불러주
세요."

"아니에요. 저희가 감사하죠. 재원이 오늘 멋진 게스트를 모시고

왔네요."

우리는 가게 안으로 들어갔다.

조용한 분위기의 가게 안, 요리사들은 혼을 다해 요리를 하고 있었고 손님들은 집중해서 국수를 먹고 있었다. 이런 분위기에 압도되어 조용히 있을 법도 했건만 신이 난 우리는 키득거리느라 정신이 없었다.

"요리 만드는 게 다 보여요!"

"우와, 양이 엄청 많아 보이네."

"여기 진짜 기대돼요."

"그나저나 빨리 먹고 싶네요."

그때였다.

"손님, 죄송한데 좀 정숙해주시겠습니까?"

헉. 그 규칙이 진짜구나. 식당에서 조용히 해달라고 요청받은 적은 처음이다. 술집에서 고성방가를 지른 것도 아니고 그냥 일상적인 톤으로 대화를 나눈 것뿐인데 말이다.

"유지상, 일본에도 이렇게 조용히 해야 하는 식당이 있어요?"

"아뇨. 저도 처음이에요."

"세상에. 도서관 같아요."

하지만 기분이 나쁘기보다는 얼마나 맛있기에 정숙한 분위기를 요구하는지 점점 궁금해졌다.

그리고 나온 쌀국수.

우리는 거의 10분 만에 쌀국수 그릇을 다 비우고 앞다투어 올해 들어 가장 맛있는 음식을 먹었다며 두 엄지를 추켜올렸다. 히로유키도 정말 믿을 수 없는 맛이라며 좋아한다.

베트남 본토만큼이나 맛있는 아시안 누들을 먹을 수 있는 이 멋진 곳은 집에서 버스로 7분 거리의 신촌이다.

○

"재원상, 오늘 정말 고마워요."

"저야말로 초대에 응해주셔서 고마워요."

"그나저나 날이 정말 선선하네요?"

부부와 헤어진 뒤 우리는 신촌에서 합정동까지 걸어가며 많은 대화를 나누었다. 길거리에서의 라이프셰어라고나 할까.

히로유키는 내과와 이비인후과 전공의로 지금은 노인 전문 병원을 운영한다고 한다. 의사라고 하면 엘리트이고 경제적으로도 여유가 있을 텐데 한국 여행에서 찜질방이며 내 방을 찾는 점이 존경스럽다.

히로유키와의 대화는 너무 즐겁다. 내 말을 가만히 듣는 진지한 표정과 정중한 태도, 때때로 보이는 천진난만한 미소 같은 작은 것들이 대화를 하는 내내 상쾌한 기분을 들게 하나 보다. 그런 히로유키에게 기대고 싶다는 생각이 문득 들었다.

"저 말이에요, 재작년에 잘 다니고 있던 대기업 그만두고 지금 다니는 음반 회사로 옮겼어요. 그때는 그게 엄청 큰 변화였고 제 딴에는 용기를 내서 한 선택이었어요. 그런데 지금 돌아보면 그렇게 큰 용기를 낸 것도 아니에요. 지금 다니는 이 회사, 규모도 있고 좋은 회사거든요.

그런데 다시 하고 싶은 일이 생겼어요. 외국인 관광 사업이 하고 싶어요. 하지만 이 울타리를 벗어나는 게 겁이 나요. 회사를 그만두면 왠지 후회할 것 같아서요. 그래서 고민이 많아요."

히로유키는 잠시 아무 말없이 걷기만 했다. 고요한 합정동의 가로수들도 덩달아 침묵을 지키고 있는 듯했고, 시원했던 바람도 조심히 우리 곁을 지나갔다. 이윽고 히로유키 특유의 조심성 많고 배려심 깊은 목소리가 정적을 깼다.

"저는 예전에 도쿄의 큰 병원에서 꽤 오래 근무했어요. 그때는 정말 일을 많이 했어요. 주말 없이 일했고, 집에서는 정말 잠만 잤어요. 자다가도 병원 호출을 받아 나가기 일쑤였죠.

한 10년쯤 지났을까. 이렇게 사는 것이 정말 맞나 싶었어요. 하지만 아이들과 아내를 생각하며 계속 버틸 수밖에 없었죠. 그때부터는 몸도 많이 안 좋아졌던 것 같아요. 그러다 문득 가족의 삶도 있지만 제 삶도 중요하다는 생각이 들었어요.

그 길로 병원을 관두고, 평소에 생각이 잘 통하던 친구랑 고향에 작은 병원을 지었어요. 말 그대로, 제 손으로 지었죠. 그리고 몸이 불

편해 병원에 올 수 없는 노인들을 대상으로 직접 찾아가서 진료하기 시작했어요. 간호사는 한 명뿐이라 제가 차도 몰고, 준비물도 챙기고, 병원 문도 닫아야 했어요."

"아이들이 있다고 하지 않으셨어요?"

"네, 두 딸들이 한창 자라고 있었을 때였죠. 원래 살던 곳에서 멀리 이사하는 바람에 아이들 학교도 옮겨야 했고, 벌이도 큰 병원 다닐 때보다 줄어들었고요. 하지만 제가 행복해야 가족도 행복할 수 있다고 생각했어요. 그렇지 않아요?"

"그럴 것 같긴 하지만 그래도…."

"그 반응 이해해요. 저도 쉽지 않았으니까요. 하지만 일에 대한 만족도가 훨씬 높아졌어요. 그때보다 진정성 있는 진료를 하고 있거든요. 그러자 모든 것들이 하나씩 좋아졌어요. 결과적으로 우리 가족은 전보다 훨씬 더 행복해졌어요. 내가 행복하기 위해 한 선택이 가족을 행복하게 한 거죠."

히로유키상은 잠깐 숨을 고르더니 말했다.

"그러니 인생을 살면서 가장 중요한 것은 나의 행복인 것 같아요. 재원씨가 행복할 수 있다면 그것을 하세요.

그것이 가장 중요해요."

나는 한참 동안 말을 이을 수 없었다.

지금껏 움켜쥐고 있던 맘속의 독기가 스르륵 풀리는 느낌이었다.

그가 말하는 모든 이야기들이 내게는 너무나 달콤하고 힘을 주는 것들이었다. 행여나 내가 기분 나쁘게 생각할까 봐 일부러 자신의 이야기를 길게 풀어주는 그의 배려도 너무 고마웠다. 합정동 거리에 은은히 떨어지는 별빛이며 귀를 간질이는 귀뚜라미도 조용히 우리 사이의 감동을 느끼는 듯했다.

히로유키가 내게 온 것은 행운이다.

2차를 가기로 하고, 막걸리를 좋아하는 히로유키를 위해 '나들목 빈대떡'을 찾았다. 호박전과 동그랑땡과 빈대떡과 막걸리를 앞에 둔 히로유키는 정말 행복해 보였다.

"재원상을 보니 삿포로에서 에어비앤비를 운영하고 싶네요."

"꼭 하세요. 삿포로는 낭만적인 곳이잖아요. 저도 꼭 놀러 갈게요."

"네, 저희 집에 초대하겠습니다. 작고 보잘것없는 집이지만요."

"유지상, 그날을 위해 건배해요."

"건배!"

"간빠이!"

일본에서 온 50대 게스트와 합정동에 사는 직장인 호스트는 상대 나라의 말로 각자 치얼쓰를 외쳤다.

○

다음 날 나는 방문 앞에 작은 감사 쪽지를 남기고 출근했다. 그러다 문득 우리에게는 아직 시간이 남아 있다는 사실을 깨달았다. 급히 메신저를 켰다.

오늘 저녁 비행기라고 그랬죠? 혹시 같이 식사하실래요?

그리고 점심시간. 히로유키와 다시 만났다. 단지 하루 본 사이인데 우리는 매우 오랜만에 만난 절친한 친구처럼 서로를 반가워했다.

"제가 좋아하는 이탈리안 레스토랑이 있는데 그리로 가시죠."

"아, 저는 한국식 밥집이 좋은데요."

한국이 좋아서 여행 온 여행객에게 내가 뭘 추천한 건지.

나는 홍대 공용주차장 인근에 위치한 식당으로 그를 데리고 갔다. 후자이와 함께 간 바로 그곳, '풍류'다. 점심에는 '엄마 주방'으로 변신해 백반을 파는 그 집. 내가 사랑하는 이곳의 점심을 꼭 그에게 대접하고 싶었다. 그리고 우리는 천천히 마지막 정찬을 즐겼다. 호박전이며 정갈한 김치, 그리고 따끈한 불고기. 세상에서 가장 맛있는 점심을 먹고, 인증샷까지 열심히 찍은 우리는 서로를 배웅하기 위해 다시 한 번 홍대 거리를 걸었다.

"다음에 꼭 삿포로로 오세요."

"그래요. 조만간 꼭 다시 봐요."

"그럼 건강해요, 재원 씨."

"유지상도요."

그와의 짧은 여행은 긴 여운을 남겼다. 인생의 매 순간을 사랑할 줄 아는 사람, 스스로 행복해질 줄 아는 여행가인 그는 내 일상에 문득 나타나 작은 불씨를 되살려주고 갔다. 그는 여전히 조곤조곤 속삭이고 있다.

인생에서 가장 중요한 것은 너의 행복이라고 말이다.

EPILOGUE

2014년 봄. 좋아하는 것 해보겠다고 무작정 넘어왔던 합정동.

하지만 갑자기 맞닥뜨린 위기. 그리고 어떻게든 이 위기를 헤쳐 나가보겠다고 시작한 에어비앤비.

소심하게 찍은 휴대폰 사진 몇 장에 끌려 마법처럼 나의 단칸방을 찾아온 게스트들.

공연 때문에 한국을 찾은 뮤지션 게스트, 헤어진 여자친구를 만나러 10시간이 넘는 비행을 견디고 한국에 왔다가 문전박대당한 슬픈 게스트, 평생 일만 하다가 자신의 첫 해외여행으로 우리 집을 찾은 게스트, 전직 교수 게스트 등등.

푼돈이라도 벌어볼까 생각하며 열었는데 어느새 그 생각은 멀리 날아가고, 나는 마법처럼 내게 온 사람들에게 끌려 홍대에서의 세계여행을 시작했다.

사람들과 동네 구석구석을 돌아다니며 평소에는 그냥 지나쳤을 법한 익숙한 장소에서 낯선 아름다움을 발견할 수 있었다. 스페인 친구와 걸으면 이곳이 바르셀로나 같았고, 프랑스 친구들과 걸으면 샹젤리제 거리 같았다.

이 묘하고 환상적인 기분은 나 혼자 즐기기에 너무 아까운 것이었다. 그래서 이 행복한 기분과 내 도전의 기록들을 담기 위해 블로그를 시작했다. 에어비앤비를 처음 시작했을 때와 마찬가지로 처음에는 아무 반응이 없었지만, 조금씩 내 이야기를 재미있게 봐주는 독자들이 생겼다. 그것은 내 삶에 또 다른 기쁨이 되었다.

회사에서도 조금씩 변화가 생겼다. 외국인 게스트와 항상 함께하는 이미지 덕분인지, 해외 관련 업무를 맡게 되었다. 회사에서 더 이상 무엇을 해야 할지 몰라 위기를 느꼈을 때, 뮤직 페스티벌에 해외 뮤지션을 초청하고 관리하는 아주 흥미로운 업무를 하게 된 것이다. 내게는 축복 같은 시간들이 아닐 수 없다.

그리고 마법처럼 일어난 또 하나의 즐거움.

내 안에서 되살아난 '적극성'이다. 직장 생활을 하면서 은연중에 수동적으로 조직이 좋아할 법한 일들을 계속 반복하고 또 잘하기 위해 노력하는 동안 멸종해버렸던 나의 유년시절의 야생성이 살아난 것이다.

정말 소중한 사람들도 만날 수 있었다. 바로 홍대 호스트 모임 '가족의 재구성'이다. 나이도 직업도 다르지만 호스트라는 공통분모 덕분에 함께 밥을 해 먹고, 배우고 싶은 것을 함께 배우고, 여행을 하고, 서로의 보물들을 주고받는다. 처음에 이들은 조금의 행복이라도 나누기 위해 고군분투하는 사람들로 보였는데, 이는 모두가 인생은 짧은 여행이라는 것을 일찍이 깨달았기 때문이었다. 지금은 거의 가족처럼 매일 만나고, 돈벌이와 상관없이 재미있는 프로젝트를 끊임없이 만들고 있다.

그런데 이 모임을 만드는 데 내가 큰 공을 했다고 한다. 이들을 처음 만났을 때 나는 자취생이라는 핑계로 이 집 저 집을 다니며 아침밥이며 커피를 얻어먹고 다녔다. 그들은 게스트 아침 준비할 때 숟가락 하나만 더 놓으면 된다며 나를 항상 따뜻하게 반겨주었다. 그런데 이런 나의 철없고 또 염치없는 행동이 각 호스트들을 묶어주는 매개체 역할이 되었단다. 만약 이것이 사실이라면 그것은 내가 한 일 중 가장 잘한 일일 것이다. 다 내 안에서 살아난 적극성 덕분이다.

2014년과 2015년은 20대를 지나 30대가 되면서 성장통을 겪은 시간이었다. 다시는 돌아가고 싶지 않을 만큼 아픈 기억도 많았지만, 또 행복한 기억과 마법 같은 순간들도 많았다. 그런데 이 모든 일들이 합정동의 내 작은 단칸방 게스트하우스에서 시작됐다는 것이 참 신기하다. 내가 한 것은 그저 살아남기 위해 한 행동인데 말이다.

여전히 모르는 것이 많고, 내 마음대로 되지 않는 것이 훨씬 많은 세상이다. 그래서 매일 좌절을 겪는 중이다. 하지만 이토록 쉽고 멋진 홍대에서의 세계여행 덕분에 아주 조금은 깨달은 것이 있다. 바로 사람은 자신이 만드는 세상에서 살 수 있다는 것. 마음먹기에 따라서 말이다.

알고 있다고 모두 행할 수 있는 건 아니지만, 마음이 약해지는 때가 있다면 지금이라도 당장 옆으로 눈을 돌려보라. 결코 놓치면 안 되는 보물 같은 순간이 지금 흘러가고 있을 수도 있다. 삶을 사랑하는 여행자들은 자신에게 주어진 짧은 시간들을 결코 허투루 흘려보내지 않는다.

마지막으로, 내 작은 방 역사상 최고령 게스드인 숀 할아비지를 소개하고 싶다. 시애틀에서 온 그는 태국에서 정년까지 일했고, 지금은 10년째 세계여행을 하고 있단다. 늘 멋진 미소를 날리던 숀이 마지막 날 한 장의 편지를 남겼다.

Dear Jae,
Life is an endless journey, every moment is the best moment! Just enjoy it! HaHa! (I enjoy stay in your Small Apartment), Thanks !!!
I don't use faceBook, if you have email, I can sent you pictures, I am good picture taker (Ha Ha). Thanks again enjoy your life!
        Sean

삶은 끝없는 여행이다!

매 순간이 최고의 순간이다!

그저 즐겨라!

손의 말처럼 삶은 끝없는 여행이다. 그 속에서 우리 모두가 용기 있는 여행자로 살아갈 수 있기를 바란다.

최재원